当心我厉害的样子

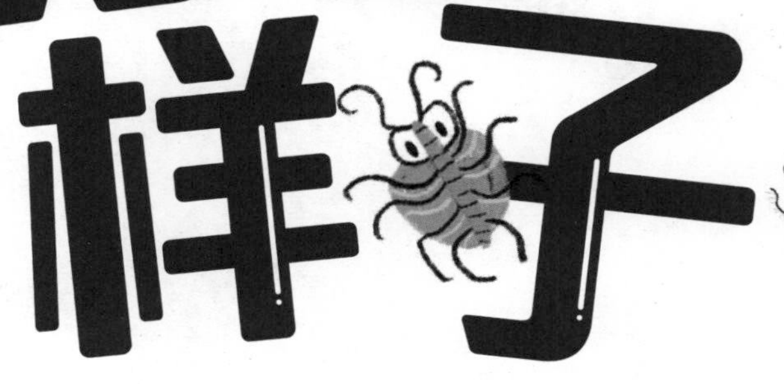

〔澳〕蒂姆·弗兰纳里（Tim Flannery）
〔澳〕埃玛·弗兰纳里（Emma Flannery）一著
〔法〕莫德·盖斯内（Maude Guesne）一绘
鲁军虎一译

光明日报出版社

目录

引 言

自然界充满了奇迹，但大多数曾经存在过的最大、最凶猛，乃至最神奇的生物，都早已灭绝了。如果我们想要见到历史记录中最神奇的生物，我们就得回到几亿年前，回到那些神奇的生物生活的时期，才能探个究竟。现在就让我们展开想象的翅膀，穿越到那个时代吧！

想象一下，你正在海滩上惬意地漫步，这时第一批陆生生物，蝎子和蜈蚣的近亲，突然从海里爬了出来！或者在第一批“拓荒者”出现后不久，在树木大小的真菌丛林中漫步；或者和历史记录中最大的鳄鱼一起游泳；或者与体形较小的翼龙一起翱翔。如果你穿越到过去，这些只是你经历的冒险中的小插曲。

我发现，当把骨骼化石或贝壳化石放在手里，它们就像一个个拥有神奇魔法的宝贝，因为它们为我描绘了我想象中的，这些动物曾经生活过、如今却不复存在的远古世界。

化石是曾经活着的神奇生物的遗骸或遗迹。它们让我乘着想象中的时光机器，回到它们曾经生活的年代。寻找化石可真是一种奇妙的体验！任何人都可以做到，因为很多地方都能发现化石，在某些地区它们甚至很常见！如果经你之手挖出一块化石，你可能是第一个亲眼看到它的人——因为它埋在地下已经几百万年，甚至几亿年了！当我发现人生中第一个海胆化石时，我兴奋得

会 讲 故 事 的 童 书

心都跳到嗓子眼儿了，心中的好奇一下子激发了我的想象力。

幸运的是，我在澳大利亚的墨尔本长大，而这里恰恰是一个藏有很多化石的城市。很小的时候，我曾在当地海滩的岩石上看到过奇怪的痕迹。那会儿我不知道那就是化石，以为它们只是岩石上有趣的印痕。但后来我才知道，那些印痕是 500 万年前灭绝的甲壳类动物的洞穴。当我再大一点的时候，家人们领我到市中心附近的一个公园，我在那里的一块岩石上发现了另一种痕迹，那些痕迹就像平压进去的小锯子。后来我了解到，那些在坚硬石板上的痕迹，竟然是生活在 4 亿年前的海洋浮游生物的遗骸！好像我看到哪里，哪里就有化石！因为每路过一块岩石时，我都要检查这块石头中是否存在化石，而普通行人都不会在意。

8 岁那年，我的一次发现改变了自己的一生：在海滩上，我发现了一块海胆化石——就是那块让我心跳加速的化石。于是，我就把它送到当地博物馆——维多利亚博物馆。一个穿着白大褂的人带我走进化石收藏室，告诉我说，我的海胆化石叫拉文海胆，生活在 1000 万—500 万年前。他告诉我，在我家附近的一个海滩上也发现了大量类似的化石。海滩四周是悬崖，我没有去过那里，所以我央求妈妈带我去。我很快就找到了一满袋的化石。这次不仅有拉文海胆化石，还有鲸骨化石和鲨鱼牙齿化石。我无意中步入了菲利普港湾，那里到处都是古老的化石，让人兴奋得抓狂。

在那里，大部分化石层都在水下几米深的地方。我非常热爱寻找化石，于是我学会了水肺潜水，在空闲时间，把每一分每一秒都花在了探索菲利普港湾 1000 万年前的奇妙世界中！

我徜徉在自己无穷无尽的想象之中，与已灭绝的鲸和巨鲨一起畅游海底。我发现了令人惊异的化石，其中就有那条灭绝的鲸的一块颌骨，有 1 米长，还有一颗鲨鱼的牙齿，有我的手掌那么大！

我也成了博物馆的常客。我阅读了装在发霉的旧陈列柜里的每一块化石的标签，几乎可以倒背如流。尽管图书资料有限，没能帮助我识别当地的化石，但凡是我能搜到的信息，我都如饥似渴地学习吸收。

很快，我就意识到，自己可以在别人想不到的地方发现化石。和妈妈进城后，我经常观察那些高楼大厦，有时就会在建造楼房用的石灰岩中发现贝壳化石。

甚至在建筑中的一些砂岩块中，也有一些木化石。我几乎成了半个化石迷。我喜欢在想象中回到远古时代，回到化石里的生物生活的年代，想象它们是如何生存的，如何死亡的，如何被埋在地下的……不过，并不是所有人都喜欢我这样。在学校里，老师经常责备我，说我在做白日梦。但是我控制不了，因为比起课堂，古老的化石世界可有趣多了！

14 岁时，我在博物馆化石部当了一名志愿者。从那时起，我充分利用好业余时间，一心扑在研究一些迄今为止发现的最惊人的化石上。作为志愿者，我的这种热情是很受欢迎的。但博物馆负责人会通过给你安排一些无聊的工作来考验你。如果你能坚持下去，他们肯定会舍得在你身上花功夫，把你训练成一位真正的古生物学专业从业人员。过了一段时间，他们赋予了我一项神圣的职责——把化石从岩石中采集出来。我用了各种各样的工具和辅助材料，比如牙医用来清洁牙齿的剔针，还有弱酸等。我很快就入门了。博物馆脊椎动物化石馆的馆长汤姆·里奇博士，也就是我的导师，开始带我去探险。我们去了澳大利亚中部的盐湖、昆士兰内陆和塔斯马尼亚岛。我眼睛很尖，只要有化石，我就会发现。我的梦想正在一步步实现！

当我发现淡水豚、火烈鸟和生活在森林里的有袋动物等的化石时，我的脑海中瞬间浮现出了这样的画面：沙漠变成一片拥有巨大淡水湖和雨林的富饶土地。

我从学校毕业后，我真正想要从事的只有一份工作，那就是成为一名科学家——最好是古生物学家。古生物学专业的对口工作岗位很少，很难找到，所以我成为了一名哺乳动物学家。但直到今天，我对寻找化石依然热情不减！很久之前，我就带着我的孩子们去探寻化石，我家的大宝和二宝发现了非常重要的化石，包括一块6000万年前的鹦鹉螺化石，我们一起发表了一篇研究论文。我非常自豪，他们俩都跟随我进入了科学和科学传播领域。我尤其感到自豪的是，能和我的女儿埃玛一起写这本书。

如果你对寻找化石感兴趣，你需要有一双“善于发现的眼睛”。首先，你需要寻找的岩石是沉积岩。然后，你必须能够在沉积岩中发现奇怪的形状、颜色或存在形式。稍加练习之后，你很快就能找到自己的化石了。不过在采集前，别忘了告知相关部门。一旦你找到了一些你认为是化石的东西，那就把它们带到当地的图书馆，或者最好是送到博物馆去。在那里，专家会给你专业的建议，很快你就会成为一位名副其实的化石猎人。

——蒂姆·弗兰纳里

相关概念

什么是“化石”？

化石是曾经活着的生物死去后的残骸或遗迹。生物变成化石的方式有很多种。化石通常是在岩石中发现的，但也可以在地表找到。只是，并非任何古老的岩石中都有化石，化石通常是在沉积岩中发现的。沉积岩是由许多小块的沉积物组成的，如泥、沙或卵石。这些沉积物通常沉积到海洋、湖泊或河流的底部。随着时间的推移，沉积物固结，形成了岩石。

实体化石

如果你足够幸运，那你可能会发现一块完整的远古动物实体化石。比如，琥珀中保存的昆虫，或冰冻的猛犸象。这都是完整的实体化石，包括皮肤和内脏在内的软组织都保存了下来，科学家能很好地了解这种动物的样子。

实体化石也可以是骨骼或贝壳。生物的这些硬体能存在很长时间，所以这种化石是最常见的。相比完整的实体化石，不完整的实体化石可能更常见。这是有原因的：想想一个生物是怎么死的，在哪里死的。也许它身体的一部分被天敌吃掉了；或者，在它死后，尸体在数百万年里被破坏得支离破碎了。从生物死亡到作为化石被发现的这段时间里，生物的遗骸会经历很多事情。

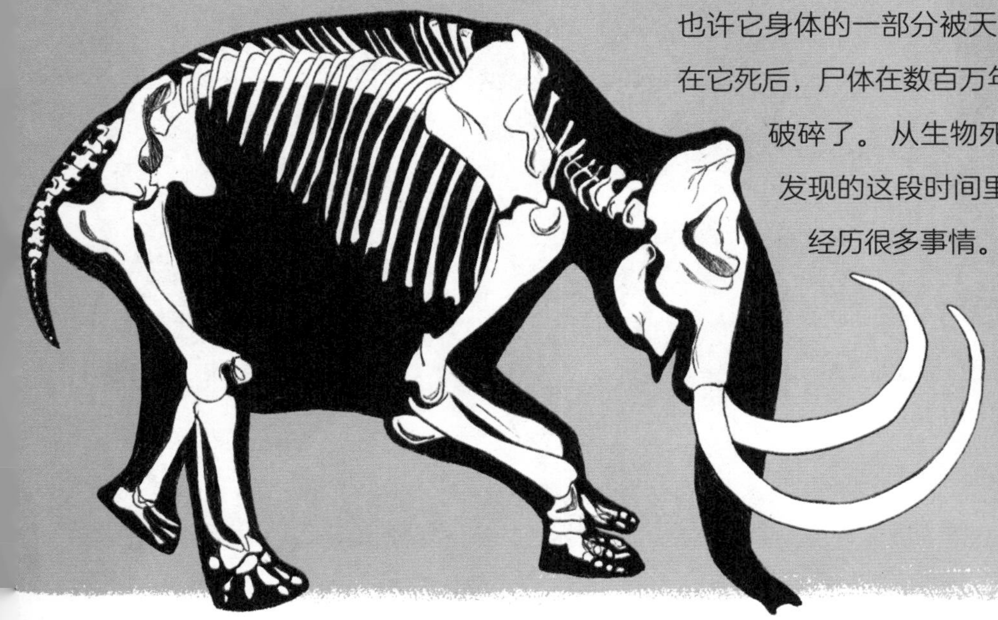

模铸化石

你，或者你的朋友，有没有经历过胳膊或腿摔骨折之后，医生给你打石膏的情况？当骨折愈合后，石膏被拆下，这时你会发现：你的手臂在石膏里留下了模子！化石也可以作为模具和铸型保存下来。在这种化石化过程中，原始的化石材料，如骨头或贝壳，早就被分解了。剩下的只是这种生物留在周围岩石中的模子或印痕。有时空的模具会被沙子或泥土填满。这样一个三维的铸造模型就会呈现出远古生物的样貌。

弗兰纳里探秘志

保存完好的鱼化石

在墨尔本附近的昆瓦拉遗址，这里的沉积物形成于1.2亿年前的一个古湖泊中。这处遗址的化石种类很丰富，包括保存完好的鱼类化石。分开页岩的薄片，你就会找到它们。但是，也有可能找了好几小时，你都一无所获，直至最完美的标本出现。我记得，我发现过一条鱼的化石，这条鱼的大小大约相当于一条沙丁鱼。它的腹部、深色的背部，以及眼睛、下颌和鳍，每一处纹理都保存得非常完好。那块化石看起来像一条被人晒干、压在两片硬纸板之间的沙丁鱼！那条鱼死后，就沉到了湖底，没人见过，1.2亿年以来不见天日，直到我劈开那块石头。

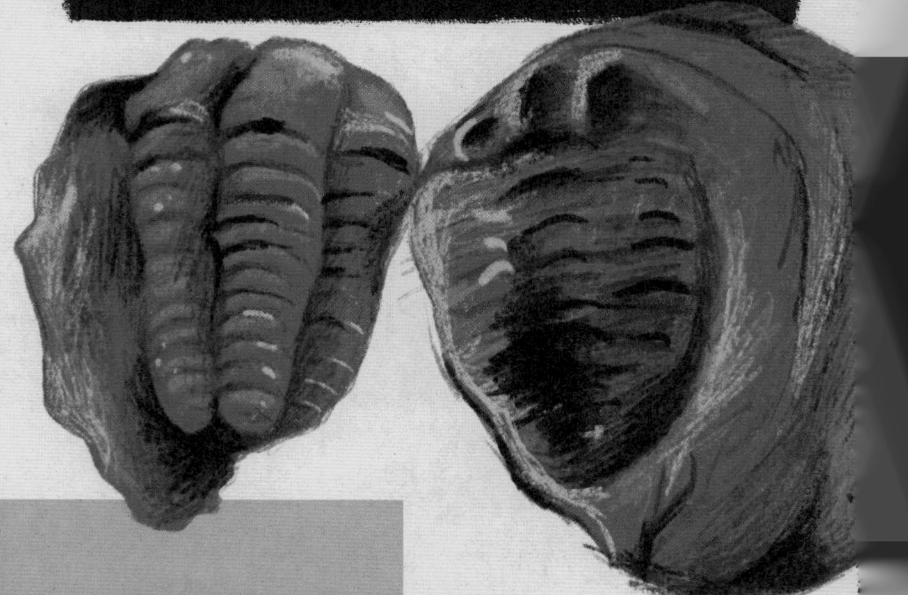

即使这些生物的身体已经被分解了，科学家们仍然可以通过研究模铸化石，来弄清楚它们原来的样子。

聪明！

完全矿化

另一种化石形成方式是完全矿化。完全矿化是指一个生物死后身体的成分被别的东西渗入取代了！这种化石就像一个模型，只不过是让新物质取代了它的原始生物部分遗体罢了。

有个让人大为惊奇的例子，一具拥有1亿年历史的完整的上龙骨架被欧泊完全取代了。欧泊是一种宝石，又名蛋白石，由二氧化硅组成，呈现美丽的彩虹色。二氧化硅溶液穿过地层，流入空隙地带并沉积，形成欧泊。木化石和骨化石上通常布满了小洞，欧泊就在这些洞中形成。有时，埋在地下深处岩石中的化石会完全被破坏，在岩石上留下一个化石形状的洞。欧泊也可以在这些较大的空洞中形成。

上龙是一种已灭绝的大型的海洋掠食性动物。这具上龙化石骨架和海豹差不多大，它的遗骸是在南澳大利亚州库伯佩迪的乌姆纳的一个欧泊矿中发现的。这块化石非常有名，甚至还有个名字叫作“埃里克”。你可以在悉尼的澳大利亚博物馆看到它。“埃里克”是由学生们集资筹款买下，捐给博物馆的！

弗兰纳里探秘志

鸭嘴兽化石欧泊

我刚开始在澳大利亚博物馆做馆长时，有个矿工带了一袋欧泊进了博物馆。欧泊去掉外层的黏土后，闪烁着七彩光芒，十分漂亮。矿工把欧泊倒在桌子上时，一位眼尖的同事认出其中一枚极为特殊。他把它拿给我，我看出来这是一只远古鸭嘴兽的下颌骨，但欧泊已经完全取代了它。化石欧泊化是一个漫长的过程。首先，化石必须深埋在沉积物中，然后由地下水中的酸性物质将其腐蚀掉，留下一个自然的模子。再由地下水中溶解的二氧化硅渗入这个模子，取而代之，便形成了欧泊。

这块鸭嘴兽化石的下颌骨呈透明色，里面闪烁着紫色，我可以透过玻璃般的欧泊清楚地看到牙齿的根部。这本来可以做成一件漂亮的珠宝！但是博物馆买下了它，于是我和同事们才有机会给这块化石命名。我们将其称为“硬齿鸭嘴兽”。这块化石已有1亿年的历史，形成于恐龙生活的时代，是在新南威尔士州的闪电岭欧泊矿区发现的。现存的鸭嘴兽成年后都没有牙齿，但化石告诉我们的是，它们的祖先是有牙齿的。

遗迹化石

有时生物的躯体根本没有被保存下来，我们所拥有的只是一些表明那里曾经有生物存在的线索。想想恐龙的足印、蜗牛爬过的痕迹，以及各种各样的洞穴！

这些化石就是遗迹化石。遗迹化石保存的不是生物的实体，而是古生物的各种生命活动记录。

科学家可以从遗迹化石中获取关于生物的多种信息。例如，我们可以通过足印的长度和间距，了解一种生物的整体大小以及移动的速度。如果有多组足印，科学家就能弄清楚这种动物喜欢群居还是独居。

有时，某个事件的整个场景都会作为化石保存下来。在昆士兰的百灵鸟采石场，人们发现了1亿年前的恐龙群体奔逃事件！在这个地方，一种可怕的大型食肉恐龙在河边惊扰了180多只小型恐龙。小恐龙只有鸡和鸸鹋那么大，它们惊慌失措，四处逃命！这件事发生后不久，河水涨了起来。恐龙的足印被泥沙覆盖，随着时间的推移，这些泥沙变成了岩石，奔逃事件的场景保存了上亿年之久。

你知道吗？

研究化石的人被称为古生物学家（palaeontologist）。在希腊语中 palaeo 的意思是“古老的”。

粪化石

最后一种化石迄今为止人们关注度最小，但它仍然很重要。那就是保存的粪便！这种化石有一个特殊的名字——粪化石。只要你能弄清楚是哪种动物拉的便便，那么粪化石就可以告诉我们这种动物喜欢吃什么样的食物！

正确看待科学争论

有关远古时期的问题，古生物学家们经常有自己的答案，但他们意见有分歧也很常见！化石可以告诉你关于一种生物的很多信息，但并非全部。例如，很难弄清楚一个生物是什么颜色的，或者它有什么样的行为习惯。科学家通常会根据现有的信息做出有根据的猜测。随着一种特定生物的化石发现得越来越多，我们对它的物种属性和生活习性，了解得也就越来越深入。

化石的命运

在所有曾经存在过的生物中，最终只有极小一部分才能以化石的形式保存下来。

比起其他种类的生物，有些动物或植物更容易以化石的形式被保存下来。这可能取决于它们生活的时代、身体的构成，以及它们被称为“家”的栖息环境。最重要的是，我们人类必须足够幸运才能在数百万年乃至上亿年后找到化石！许多远古动物都是从一块块的化石中才得以发现的。想象一下，还有多少神秘而奇妙的生物的化石尚不为科学所知，还有待发现。你会在不久的将来发现化石吗?

什么叫“灭绝”？

“灭绝”是指曾经生活在地球上的某种生物完全消失。灭绝的原因有很多，包括气候变化、来自太空的小行星撞击、火山爆发、捕食（动物被当作猎物吃掉）或与其他动物争夺食物等。

化石侦探

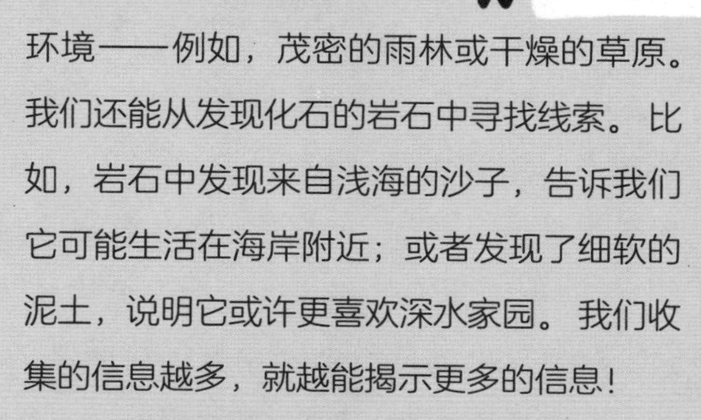

古生物学家有点像侦探。一块化石可能只有骨头碎片那么小，或仅仅是一个足印。古生物学家会花很长时间将新发现的化石与博物馆收藏的化石进行比较，以确定这个生物是否为新物种。通常，科学家将古生物化石碎片，以及和它们有着亲缘关系的现代动物进行比较，来重构早已灭绝的生物的形态特征。

例如，已知最大的飞鸟之一——阿根廷巨鹰，如今只发现了它的一根上肢骨（见第164～165页）。科学家可以将这根上肢骨与一种近亲鸟类的同位置上肢骨进行比较。如果有这种近亲鸟类完整的骨架，我们就能估测阿根廷巨鹰的形体大小。

有时，在化石的周围就能找到线索。动物化石附近发现的植物和花粉化石，有助于我们了解动物生活的环境——例如，茂密的雨林或干燥的草原。我们还能从发现化石的岩石中寻找线索。比如，岩石中发现来自浅海的沙子，告诉我们它可能生活在海岸附近；或者发现了细软的泥土，说明它或许更喜欢深水家园。我们收集的信息越多，就越能揭示更多的信息！

科学家也能在实验室里使用特殊设备，弄清楚化石的化学特征，从而得知那些远古动物吃的是什么，或者习惯住哪里。

多么不同寻常的发现！

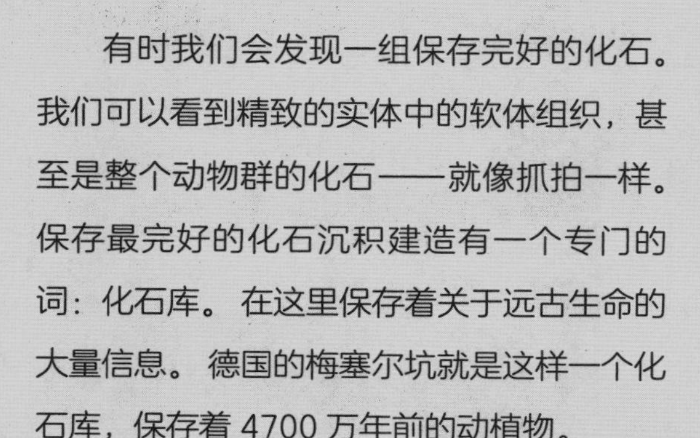

有时我们会发现一组保存完好的化石。我们可以看到精致的实体中的软体组织，甚至是整个动物群的化石——就像抓拍一样。保存最完好的化石沉积建造有一个专门的词：化石库。在这里保存着关于远古生命的大量信息。德国的梅塞尔坑就是这样一个化石库，保存着 4700 万年前的动植物。

梅塞尔坑最初是一个湖泊，许多动物会去那里喝水解渴。但是它们却不知道这个湖泊就是一个死亡陷阱。这是因为在湖周围的原野分布着火山，这些火山有时会释放出看不见的致命毒气，笼罩在湖面上方。一旦动物过来喝水，它们会不自觉地吸入这些毒气，然后就会昏倒，摔到湖底死去。幸运的是，湖底的环境非常适合保存它们的尸体。在梅塞尔坑，人们发现了一些神奇的生物化石，比如数以千计的鱼，许多青蛙、鳄鱼、鸟类、哺乳动物、植物，甚至蚂蚁等的化石。

学名

对于你最喜欢的动物的名字，你再熟悉不过了，如狮子、犀牛、袋鼠、鲨鱼或蝴蝶。但是，无论是地球上曾经存在过的所有生命，还是目前存在的所有生命，用俗名描述它们并不是最佳的方式，因为地球上存在的生物太多了！通常情况下，俗名也不是唯一的。例如，喜鹊是鸦科、鹊属鸟类的俗称，但世界上大约有 20 种不同的喜鹊。如果我们只用俗名，那就不知道具体指的是哪种喜鹊了。

为了记录世界上所有的动植物，科学家们使用学名，每个物种的学名都由一个“属”名和一个“种”名组成。例如，狮子的学名是 *Panthera leo*，其中 *Panthera* 是属名，*leo* 是种名。我们总是用斜体表示属名和种名，并把属名的首字母大写——这样，我们就知道这是个学名。

学名非常有用，因为它能让我们了解生物之间的关系。如果两个物种有相同的属名，我们就知道它们一定是亲缘关系非常密切的。例如，*Panthera tigris* 是老虎的学名。狮子和老虎都是同一个属即 *Panthera* 下的物种。所以它们一定是近亲！

每当发现一种新的生物或化石时，科学家就有了给它取学名的机会，通常用拉丁语或希腊语等语言，而且许多学名既有趣，背后又隐藏着小故事。有时一种生物还以某个重要人物的名字来命名。有一种树蛙以查尔斯王子来命名——*Hyloscirtus princecharlesi*！如果你发现了新物种，你会叫它什么呢？

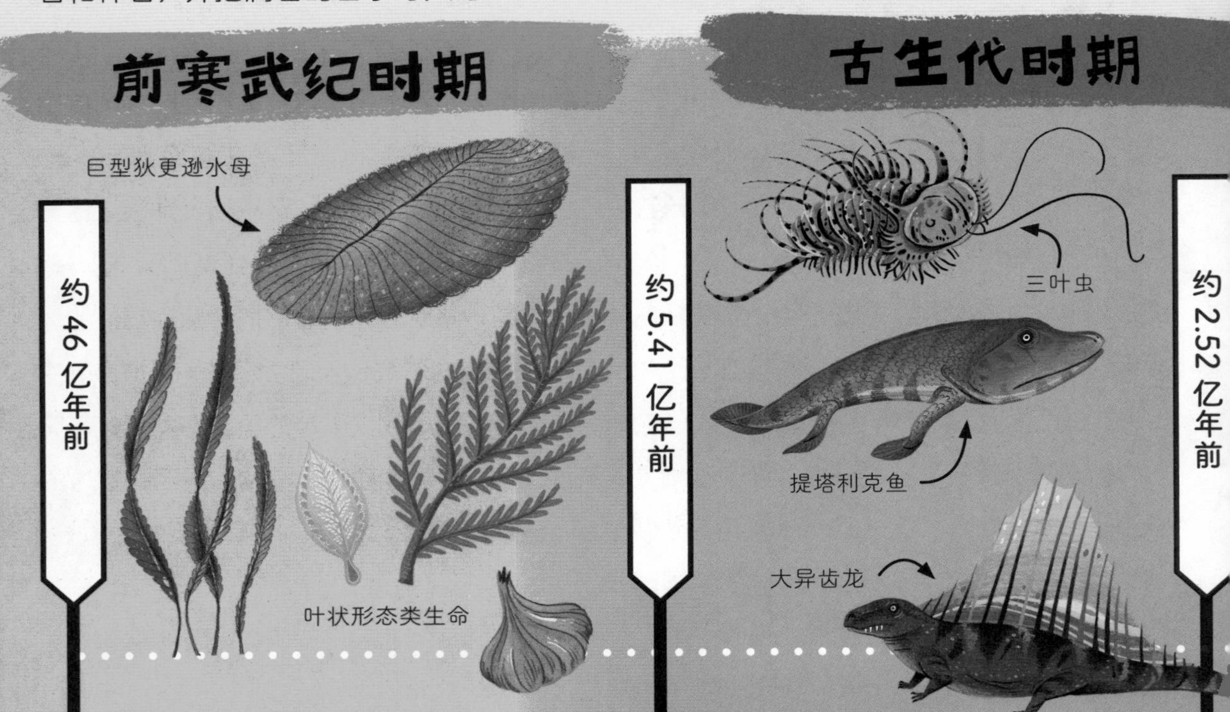

地质年代

地球约有 46 亿年的历史。在这段历程中，地球见证了无数生命的枯荣和兴衰。就像我们把一天分成 24 小时一样，我们也能把地球历史划分成不同的地质年代，来说明地球的过去。之所以称其为地质年代，是因为地质年代表是根据在地球上埋藏了亿万年的地层以及其中包含的化石来划分的。

地质年代表通常分为 4 个宙。从最古老到最年轻，分别是冥古宙（前太古宙）、太古宙、元古宙和显生宙。前 3 个时间阶段合起来称为前寒武纪，这一时期的生命要么体形非常小，要么体形较大且身体柔软。

显生宙就是我们现在生活的年代，但它太长了，约从 5.41 亿年前就开始了！到了显生宙，生命物种出现了大爆发，焕发出多姿多彩的新面貌。在这一时期发生了很多事情，所以我们把显生宙分为 3 个时间阶段：古生代、中生代和新生代。

在这本书里，我们将为你展示各个地质时期的一系列奇异的远古生物。

地质学

地球是一颗岩质行星，主要是由许多不同种类的岩石组成的。地质学是一门深入研究地球的形成和发展历史的科学，小到矿物结构，大到地壳运动，研究范围广阔，时间跨度久远。因此，地表形态和物质组成随时间的变化也是地质学家需要研究的重要内容。

化石是怎样到达这里的？

你可能觉得自己脚下的土地是固定不动的，但其实地球表面是动态的、不断变化着的。地球由内核、外核、地幔和地壳这几层组成。地壳和上地幔顶部有点像一个巨大的拼图玩具——它们是由几个构造板块组成的。这些构造板块在缓慢移动的过程中会张裂，也会碰撞。我们世界上的许多自然地貌，包括山脉和深海海沟，都是这些板块移动的结果。由于这种板块移动，生物化石被发现的地方经常与生物活着时生活的家园截然不同。例如，当陆地上的两个构造板块碰撞时，它们在巨大的挤压作用下向上隆起褶皱，经过数百万年的时间就会形成山脉。在这个过程中，来自浅海的贝壳化石可以被推到很高的地方，最终到达山顶！

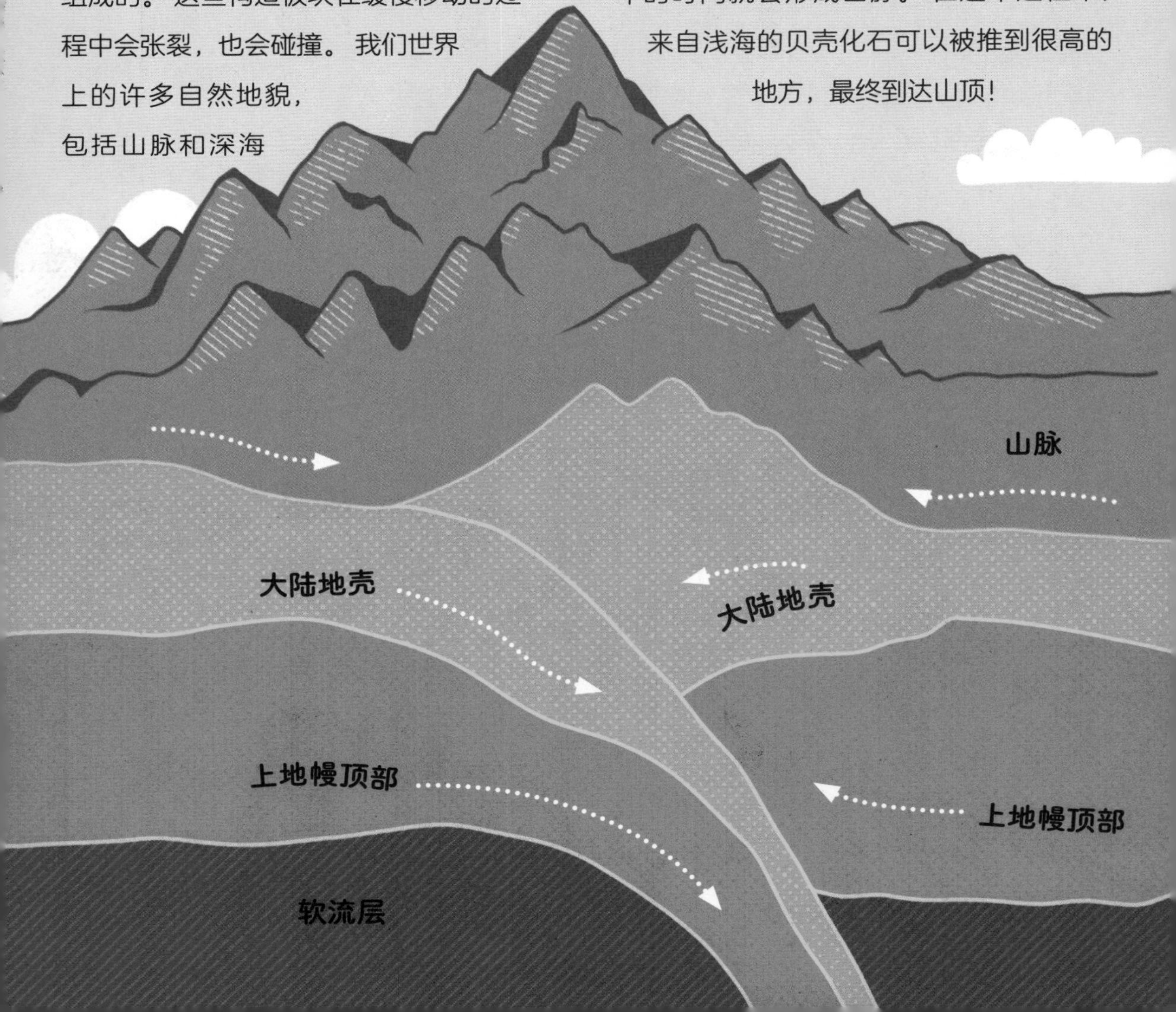

弗兰纳里探秘志

乡下古珊瑚寻宝记

在我八九岁时，我的舅舅带我和表弟去了维多利亚州的利利代尔，那里距离我们在墨尔本的家大约1小时的车程。我和表弟约翰想去那里的一个石灰岩采石场寻找化石。这个地方在土著人兰德赫里人中很有名，因为在采石场被挖掘之前，那里有一个洞穴，他们认为是无底洞。不幸的是，这个洞穴已经被采石作业摧毁了。这个洞穴曾经穿透的石灰岩形成于4亿多年前的一片古老珊瑚礁上。我们在那里发现了一些贝壳化石，并收集好带到博物馆进行鉴定。鉴定化石的人说，这些贝壳化石曾经生活在一座火山顶的古珊瑚礁上，周围是很深的水。墨尔本距离活火山和珊瑚礁很远。很难想象到，这一片长满桉树的山丘原先竟然是热带海洋。一次火山喷发将火山顶部绵延几千米的珊瑚礁整个断开了，它滑入了海洋深处，被海底软泥覆盖，最后变成化石。

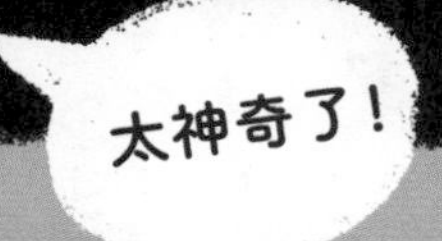

什么是物种？

不同种类的动植物被称为“物种”。一个物种是一群具有相似特征的生物。同一物种的成员能够交配，形成更多的同类。你可能熟悉我们星球上的一些物种，比如非洲象或大熊猫。物种可以随着时间的推移而变化，这很难被注意到。一个物种最终可能会变成不同的亚种，甚至分化成两个新的物种，这被称为物种形成。

当环境发生变化时——变得非常热或非常冷，可能就会有新的物种形成。当一个物种中的部分个体和其他个体分离时，也可能发生这种情况，例如当一个岛屿形成时。之所以会发生这种现象，是因为并非一个物种中的所有个体都完全相同。你看看你的家人和朋友，每个人都有不同点：个子或高或矮，头发或浓或稀。这被称为变异，因为个体之间性状表现存在差异。变异可以由父母传给后代——这就是为什么孩子长得像父母了！

简单聊进化

进化树

“进化”这一术语指生物群的遗传组成部分或全部的不可逆转变。“进化”是了解地球上所有生命的关键。这个过程很复杂，如果没有这个步骤，你就不会出现在这里！在生命的发展历程中，地球是50多亿种动植物的家园。这可是50多亿啊！进化树是一种表示各种动植物间亲缘关系的特殊图表。它是地球上所有生命的“全家福”——有点像个大家谱。

从生命最初出现到现代，大多数存在过的生物已经走向灭绝了。如今，地球上有500万~1000万种生物。这些生物与所有远古的生物都是息息相关的。我们人类与今天所有的生物，小到微生物，大到橡树，都有过物种进化史。所有这些动物和植物是如何形成的呢？答案是进化。

自然选择

动物的形态特征和行为习性发生变化，推进自然选择的演变进程。想象一下，一只刃齿虎在原始大草原上猎食的场景。该物种是伏击型掠食者，它隐藏起来，依靠突袭捕猎。其中，那些隐藏得最隐秘的——还有那些牙齿最锋利的刃齿虎，捕捉到猎物的机会更多。这些个体更有可能存活下来，并将这些特征遗传给后代，这就是自然选择。想想你熟悉的现代动物是如何熟练地捕捉猎物或躲避天敌的，这就是亿万年以来自然选择的结果。

自然选择也取决于外部环境。如果环境发生了变化，那么最有用的生活习性也就会随之发生变化。想象一下，地球在冰河时期突然变冷的场景，那会是个什么样子？

那些皮毛较厚的动物，更有可能在寒冷的环境里生存下来。接着，它们就会繁衍后代，后代的皮毛会更厚，然后慢慢地，就会有一种皮毛更厚的新物种出现。看看猛犸象（见第 204～207 页）和披毛犀（见第 192～193 页），你会发现一些生物非常适合在寒冷的环境中生存！

趋同进化

有时候，有些没有亲缘关系的生物却看起来很相似，这是因为它们已经适应了在相似的环境中生活，我们把这种现象称为趋同进化。例如，蝴蝶和蝙蝠都有翅膀，适合在空中飞行，但这并不意味着它们有亲缘关系。古生物学家在描述一个新物种时，可能搞不清这个生物在进化树中的位置，这时就需要留意趋同进化的现象！

新物种的描述

我们设想一下，假如你是一名科学家，正在徒步穿越一个原始的湿热丛林，要寻找一种科学界尚未记录的动物或植物新物种。经过几天的努力寻找，终于有了眉目——你发现了一只不认识的青蛙！那么，这个小家伙会是一个新物种吗？要想找到答案，那就只能做研究。你必须阅读自己所能找到的每一本关于青蛙的书，还要研读相关科研文章！有人发现过这种青蛙吗？如果没有，那么这种青蛙很可能是科学史上的新物种。现在，你可以写一篇科学论文，描述它的特征，让全世界都知道它的存在！当你在科学论文中描述这种新生物时，你还必须确定它在进化树中的位置，以及与其他青蛙的亲缘关系。

隔离生活能加速新物种进化

倘若某一群动植物被隔离，一种全新的奇异物种可能就会进化出来。当一个新的岛屿形成时——它们可能由于各种原因形成，如火山活动或海平面上升，隔离就会出现。这个岛上的生物与它们在大陆上的朋友分离，随着时间的推移，它们的外表和行为会发生很大的变化。有时候，岛上没有天敌入侵，植食动物就会放松警惕。其他奇怪的事情也会发生——例如，小动物可以变得更大，大动物也可以变得更小！关于这些方面，请参阅弗洛勒斯人（见第176~177页）和恐怖哈特兹哥翼龙（见第122~123页）部分。

通常情况下，在岛上很难找到食物或水，所以生物必须想出新的方法来获得食物。现今，生活在加拉帕戈斯群岛的海鬣蜥，就是一个很好的例子。海鬣蜥是由陆鬣蜥进化而来的，这些陆鬣蜥喜欢吃陆生植物。但是，被隔离后，栖息地岛屿很少有陆生植物，陆鬣蜥必须寻找其他食物，那就是藻类！藻类是生活在水里的植物，它通过潜入海洋寻找藻类来适应它的新家园。但是，吃藻类会带来一系列的问题。当它在大口地嚼海藻时，它会不经意地吞下很多海盐。过多的盐分对它的身体危害很大。为了去除血液中的盐分，它有一种特殊的适应能力，鼻子里逐渐形成了一个腺体，可以在打喷嚏时把所有的盐都喷出来！这样，它就能很好地适应岛上的环境。海鬣蜥与它的祖先陆鬣蜥有着很大的区别，它是一个全新的物种。

前寒武纪

也许，我们青少年通过数自己的手指和脚趾，就能数出自己的年龄。但是，如果要数出地球的年龄，你需要40多亿个手指和脚趾才够用！早在你出生之前，我们的地球就已经有精彩的生命成长史了。就像你今天看起来和你小时候不一样，这是同样的道理，地球也不总是我们熟悉的那个样子。因为从气候变化到大陆漂移，地球也经历了无数的成长故事，见证了无数的生命奇迹。在地球上，曾经生活过的所有动植物，99%以上已经灭绝了。那么，我们如何了解这些早已逝去的生命呢？答案就在化石中，就在那些保存下来的曾经活着的生物的残骸或遗迹中。

就在前寒武纪之初，也就是地球诞生后的第一个10亿年间，我们的星球是一个不适宜居住的地方：非常炎热，到处都是火山。直到地球大气逐渐冷却下来，生命才开始出现。尽管生命可能开始于大约40亿年前，但是地球上最早的关于生命的化石证据，目前可以追溯到大约35亿年前。那时候，我们的地球和今天的样子大不相同，地球上最早的生命都以海洋为家，整个地球都被蔚蓝色的海洋包裹着。

你的身体是由几十万亿个细胞组成的，你知道吗？细胞有很多种，包括血细胞、皮

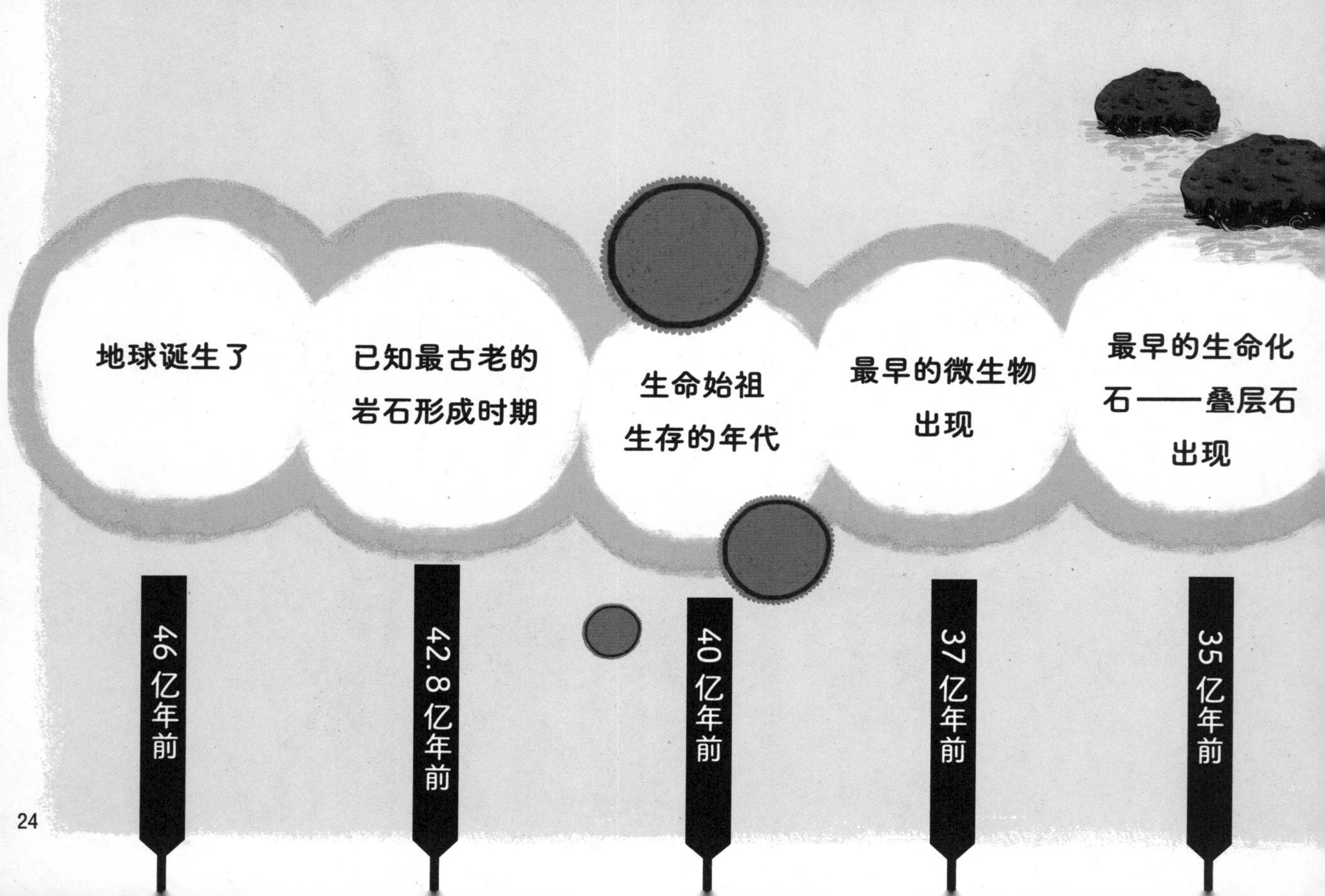

肤细胞和脑细胞。因为单个细胞太小，我们自己的肉眼无法看到。然而，最初的生命形式事实上是由一个细胞组成的！数十亿年间，这些肉眼看不见的微小单细胞生物，竟然是我们这个星球的统治者。甚至有一种单细胞生物，叫作 LUCA（最后普遍共同祖先），它正是我们的生命始祖！有些其他单细胞生物一起生活在叠层石中，令人难以置信的是，科学家们竟然发现，叠层石现在仍然存在。

在前寒武纪末期，出现了由多个细胞组成的更大的生物。与现代的生命形式相比，这些生物对我们来说几乎都是陌生的！因为它们的身体都异常柔软，形状也都怪异无比。甚至有些生物被困在原地，如叶状形态类生命，而另一些则沿着海底缓慢移动，如巨型狄更逊水母。那么，它们到底是动物呢，还是植物呢？抑或是介于两者之间的奇怪的生物呢？令人遗憾的是，早在前寒武纪末期，这群奇怪的生物就灭绝了。一些科学家认为，已经不可能从现代生物中找到与它们有亲缘关系的物种了。但有一点比较幸运的是，这些最早的生命都以化石的形式被保存了下来——这简直是令人眼花缭乱的历史快照，而且正在等待我们去发现！

更复杂的单细胞生物进化（细胞最终会变成动物和植物）

27 亿年前

由于光合菌（如来自叠层石的蓝细菌）的光合作用，大气中的氧气开始增加，更多的氧气造就了更复杂的生命

24 亿年前

雪球地球时期

7 亿年前

最早的多细胞生物埃迪卡拉动物群（例如巨型狄更逊水母和叶状形态类生命）出现

6 亿年前

最后普遍共同祖先（生命始祖）

祖父母可能是我们最熟悉的祖先，他们同样也是我们的兄弟姐妹和堂亲的祖先。但如果回到生命之初，全人类都有一个共同的祖先，像曾曾曾曾曾曾……祖母。没错。无论是最好的朋友、街对面的邻居，还是最喜欢的电影明星，等等，我们都有一个共同的亲戚。我们不仅与其他的人类，还与其他哺乳动物、蜥蜴、鸟类，甚至植物和微生物等单细胞生物之间，都有着一个共同的老祖先。事实上，地球上所有的生命都有共同的祖先。它既不是植物也不是动物，而是一种非常特殊的微生物，称为“最后普遍共同祖先”（LUCA），简称生命始祖。

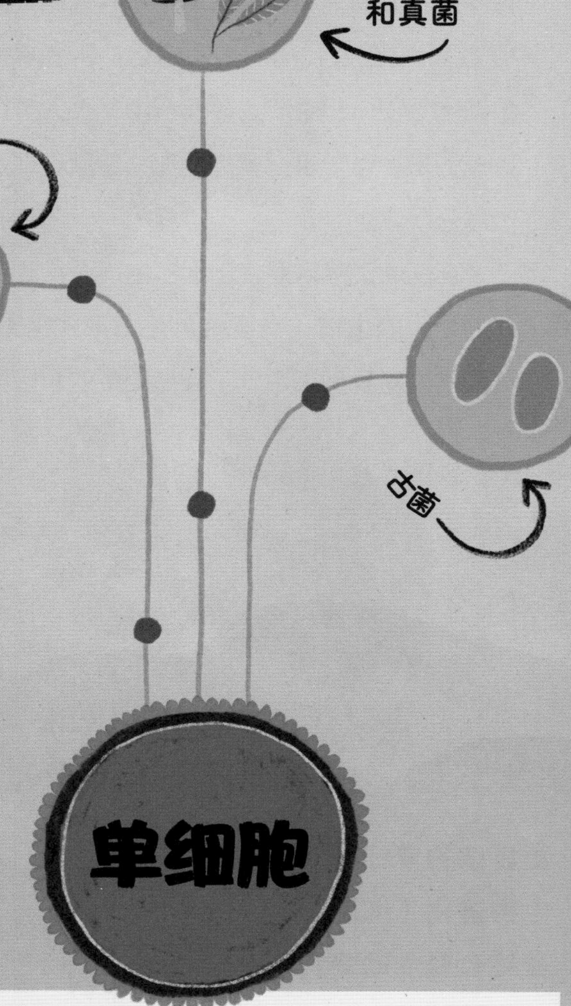

很久很久以前

时光倒流，回到无数代人之前，你可能会认为生命始祖在很久很久以前就存在了。没错，生命始祖早在你出生前40亿年就已经存在了。

你知道吗？

周围的人可能与你的基因相似！人类的基因具有很高的相似性，即使分隔在地球两端生活的人也不例外。母亲或兄弟姐妹等与你有血缘关系的人和你的基因的形似度更高。同卵双胞胎因彼此有着几乎完全相同的基因，所以他们看起来非常像！

特殊的嗜好

生命始祖长得一点儿都不像你和我，简直是非人类。它生活在一个无法呼吸、暗无天日的地方。生命始祖很可能是个特殊的微生物，尤其在深海热液喷口处感到最自在——深海热液喷口是由海水流过非常炽热的岩石形成的。这听起来可真匪夷所思！生命始祖的家扎根在了富含金属的海洋深处，这些金属溶于海水，且在深海热液喷口附近浓度更高。与今天的大多数生物不同，我们的始祖无须借助太阳生存，而是依靠这些金属及各种化学反应为自己提供能量。

什么是“微生物”？

“微生物”一词源自“微小”，意思是非常非常小！现代微生物，比如细菌，在我们周围无处不在，甚至还存在于我们体内。有些微生物会导致人类生病，但也有一些生活在我们的肚子里，能帮助我们消化食物。还有些微生物生活在深海里，或者花园土壤中，甚至空气里。就像地球上最早的生命一样，现代微生物大多也是由单细胞组成的。但它们实在太小了，小到只能用显微镜才能观察到。它们的细胞构成比动植物的细胞构成要简单得多。

如何了解生命始祖？

既没有找到生命始祖的化石，也没有发现任何物证。那么，我们要怎样才能知道生命始祖长什么样子呢？答案就是：从我们的基因里找！正如我们前文提到的，身体是由血细胞、皮肤细胞和脑细胞等许多微小的特殊细胞组成的。基因甚至更小，我们身体里的每个细胞中大约有 25000 个基因。基因太小了，科学家只有在配有特殊专业设备的实验室里才能研究它们。基因非常重要，它包含着构建我们身体所需要的一切指令：头发颜色、血型，甚至性格等，好比是一本生命秘诀手册！为了了解更多关于生命始祖的信息，科学家们寻找地球上所有生命共享的基因。他们发现其中有 30 个“共享”基因可能属于生命始祖。通过更复杂的方法，科学家们发现了大约 350 个比较“古老”的基因，这些基因可以告诉我们生命始祖是如何生活的。

最古老的化石

叠层石

如果生命始祖是我们最古老的亲戚，那么地球上最古老的化石是什么？答案就是叠层石。科学家们在西澳大利亚的皮尔巴拉地区发现了一些最古老的化石，这些化石已经有近35亿年的历史。奇怪的是，它们的形状既不像植物也不像动物，而像一个丘状物，这是因为它们既不是植物也不是动物——它们是由细菌群落构成的！大多数细菌是无害的微生物，生活在世界各个角落，但是还有不到1%的细菌能导致人体生病。叠层石群居在浅水中，一层层地向阳生长。叠层石的叠层由细菌及其周围的沉积物和矿物质混合组成，它们不断生长，最终长成一个圆顶。地球上最古老的化石就是这些圆弧形或穹隆状的叠层石。

弗兰纳里探秘志

与叠层石在海水中遨游

能和叠层石这种地球上最古老的生物化石一起在水中遨游，真的非常幸运！在西澳大利亚鲨鱼湾超级咸、极其炽热的海水中，其他的生物几乎无法存活，可是叠层石却可以在这种恶劣的条件下生长。穿梭在蘑菇状的叠层石之间，就像在洗一个又热又咸的桑拿浴。当我游过去的时候，眼前不由得想象出一个新世界，一个地球上生命最早诞生的水潭。但没过一会儿，我就觉得太热了，没办法，只能出去到附近的一家农舍冲个澡。

做一下深呼吸，元气满满的感觉是不是很好呢？但你知道吗？地球上的空气并不是从一开始就可以供人类呼吸的，信不信由你，反正我们要感谢远古的叠层石，是它上面的细菌为生命的延续提供了可以呼吸的氧气！构成叠层石的细菌从太阳那里获得能量，在获取能量的过程中制造氧气。氧气是我们和众多其他神奇的生物赖以生存的物质条件！大约 35 亿年前，地球表面到处分布着叠层石，细菌正忙着制造大气中的氧气。

谢谢，小家伙们！

活化石

今天还有活着的叠层石真是太神奇了。像这样现在仍然存在的古生物被称为活化石！这些活化石在西澳大利亚的鲨鱼湾和巴哈马群岛都有发现。远古叠层石和它们的现代近亲之间存在一些差异。现代叠层石只在很极端的环境中才能发现，那里的海洋含盐量很高。大多数动物无法在这些高盐环境中生活，因此叠层石才能自由生长，而不会担心被别的东西吃掉。不过在前寒武纪，也没有可怕的掠食者，远古叠层石喜欢哪儿就在哪儿生长！

生命变大了

埃迪卡拉动物群

像形成叠层石的这样微小的单细胞生物，并非一直统治着整个地球。大约 6 亿年前，大型多细胞生物首次登上了地球历史的舞台！我们将这些最早的大型生物称为埃迪卡拉动物群。这些生物形态各异，有些看起来像现代的水母、蠕虫、珊瑚，甚至是植物。但是，实际上它们可能跟这些东西没有任何关系——由此看来，仅仅依靠这些古老的化石的外形来进行分类是一件很棘手的事情。埃迪卡拉动物群都是生活在海洋里的软体动物，没有骨架，也没有外壳。如果能回到过去，我伸手拿起一个，可能脆弱得一把就握没了！在这些古老的软体动物中，有一些会移动。6 亿年的时间太长了，因此只有很少的化石被保存了下来。世界上大约只有 30 个地方保存着这一时期的生物化石，可供我们研究。这些生物的生活环境各不相同，有的生活在浅海，也有的生活在深海。

有趣的事实

1946 年，地质学家雷金纳德·斯普里格偶然发现了外形怪异的埃迪卡拉动物群的化石。这个化石群是在南澳大利亚州的埃迪卡拉山发现的，大约从 5.5 亿年前的海底保存至今。雷金纳德的发现证明了软体动物也能形成化石！

埃迪卡拉动物群到底是什么？

自从大约 80 年前发现埃迪卡拉动物群以来，人们就一直在争论，它们在进化树上到底处于什么位置。一些科学家认为，它们不可能与动植物有关。其他人则指出，一些迹象表明它们与现代动物有相似之处，如消化道的证据、运动的痕迹或分节的身体。尽管它们有点像植物，但确实不是植物。因为植物需要阳光，但光线无法到达它们生存的海洋深处。最近，科学家在实验室里使用特殊设备，在埃迪卡拉动物群化石中发现了一种非常小的叫作胆固醇的物质。但是，胆固醇只能在动物体内合成。因此，科学家得出结论：这些化石生前只能是动物，不可能是植物！作为最早的动物化石，埃迪卡拉动物群对于了解人类的起源非常重要。

神秘的生命形态

叶状形态类生命

这些神秘的生命形态最早出现在大约 5.7 亿年前，在地球上存在了 3000 多万年。叶状形态类生命外形看起来就像从海底长出来的蕨类植物的叶子，体长从几厘米到近 2 米，长短不一，大小不等。叶状形态类生命实际上是动物，而不是植物。它伫立在合适的地方，向上生长，长长的叶状躯体能帮助它获取更多的氧气。由于没有嘴和肠道，它直接从水中获取食物。它的躯体是分形结构，局部和整体永远保持着某种相同的形状，同样的形状在越来越小的躯体结构中不断重复。也就是说，叶状形态类生命的结构，无论大小，形状都完全相同。

最古老的社交网络

你有没有做过简易电话，把两个纸杯连接在一根线上，用来交流？叶状形态类生命似乎也使用类似的方式进行交流！这些像蕨类植物的生物看起来也许不是绝顶聪明，但这并没有影响它们开创了世界上最早的社交网络。2020 年，一个由科学家组成的团队发现了微型丝状物化石，不同类型的叶状形态类生命通过这些“细丝”，将身体连接到海底，其中一些细丝长达 4 米。我们还不能确定这些细丝的真实用途，但有的科学家推测，也许这些细丝有助于这些生命体在洋流中保持稳定，或者用来相互交流或共享食物。也有些人认为这些细丝用于繁殖，产出更多的叶状形态类生命的后代。

留神脚下，别着急！

巨型狄更逊水母

狄更逊水母是一种古老的生命形式，体形大小不一。这种水母是扁平状的，呈椭圆形，肋状的凸面层从身体中心伸出。它就像是地板上被踩了一脚的口香糖或者一块滑稽的门垫！人们也曾经将它视为一种巨大的单细胞生物，甚至是地衣——一种生长缓慢、结皮的植物，通常附着在岩石上——但是，现在人们普遍认为它是一种动物。

这种水母最小的个体只有 1 毫米长，最大的个体（巨型狄更逊水母）能长到 1.4 米。

雪球地球

虽然难以想象，但是一些科学家认为，在地球历史上的某个时期，陆地被厚厚的雪泥覆盖，海洋被厚厚的寒冰覆盖。我们称这个时期为“雪球地球”时期，这是因为这个时候的地球看起来像一个巨大的雪球！直到地球从这个厚厚的冰层中解冻后，生命才开始茁壮成长，像巨型狄更逊水母和叶状形态类生命等动物才得以进化。

酷！

在远古时期，海底的一些区域是由一块巨大的微生物垫组成的。微生物极其微小，只有用显微镜才能看到。我们可能觉得微生物吃起来并不可口，但是在5.6亿年前，这可是一种美食。如今，微生物无处不在，你可能会惊讶地发现，它们竟然也出现在我们的一日三餐中！在许多美味的食物中都存在微生物，如酸奶、奶酪和泡菜。科学家们认为，巨型狄更逊水母就是通过消化这种微生物垫来获取食物的。它边吃边四处移动，所以在海底留下了它们的遗迹。

当这样的痕迹得以保存下来时，它们就被称为“遗迹化石”。

弗兰纳里探秘志

化石铺路

在南澳大利亚州的伊卡拉-弗林德斯山脉国家公园低矮的ABC山脉的砂岩中，保存着大量的软体动物化石，这些化石有近6亿年的历史，堪称最奇妙的软体动物化石。正是在那里，我加入了一个志愿者小组，专门在岩石上搜寻化石。这些岩石成薄层状，几乎就像一本书的书页，我们挖去泥土，把这些薄层一片片揭开，真心盼着下一个薄片上出现一个灭绝的远古生物。志愿者们找了一整天也没有任何收获。但当他们回到农舍就寝时，他们发现阳台下的人行道上堆满了化石！这个农夫收集了很多化石，因为他觉得它们很漂亮，于是就用这些平整的岩石在他的棚屋和房子周围铺路！

科学家的故事

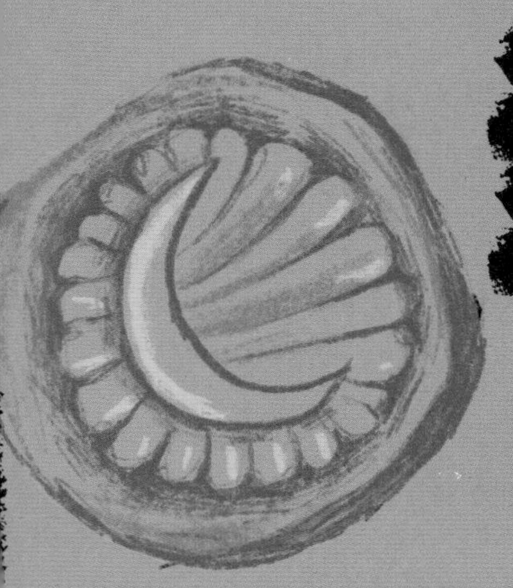

古生物学家也搞恶作剧

不光在校学生喜欢相互之间玩恶作剧，大人也一样……甚至，连大学教授也喜欢恶作剧！化石研究领域最早的恶作剧要追溯到 1725 年。这一切都要从德国维尔茨堡大学的贝林格教授说起。贝林格教授喜欢到周围的山上寻找化石，常常满载而归。一次，他无意中发现了一些很奇特的石头。这些石头上雕刻着可爱的动物，比如青蛙、蜥蜴，甚至结网的蜘蛛。但最奇特的是，这些石头上还刻有星星、月亮和文字。难道这是恒星化石或文字化石？有人对此产生怀疑，可贝林格教授还是坚持认为这些石头就是化石，而且对此深信不疑，还发表了科学著作，向全世界展示了他的发现。你也许会好奇，贝林格教授是如何解释那些雕刻文字的。很显然，那是有人故意伪造的！这些石头根本就不是化石，而是刻着图画的普通石头，只是有些年头而已。贝林格教授万万没想到，这一切都是他那不地道的同事们为了让他难堪而布的局。他们确实让他难堪了——因为这件事情，他有很多年是在别人的嘲笑声中度过的。贝林格教授的“化石”有的依然保存至今。看来，后人将那些“化石”称为“谎石”也就不足为奇了。

一个疯狂的理论

1912 年，在伦敦自然历史博物馆工作的伦道夫·柯克帕特里克写了一本关于低调的货币虫的书。柯克帕特里克认为，包括火山岩和太空岩石在内的地球上所有的岩石，都是由货币虫这种单细胞生物组成的。但是，在现在看来，这个观点是大错特错的，甚至还有一些人认为，可怜的老柯克帕特里克研究货币虫竟然到了不吃不喝的地步，已经快走火入魔了。用显微镜观察货币虫这么多年后，他眼前出现了幻觉，看哪儿都有货币虫！

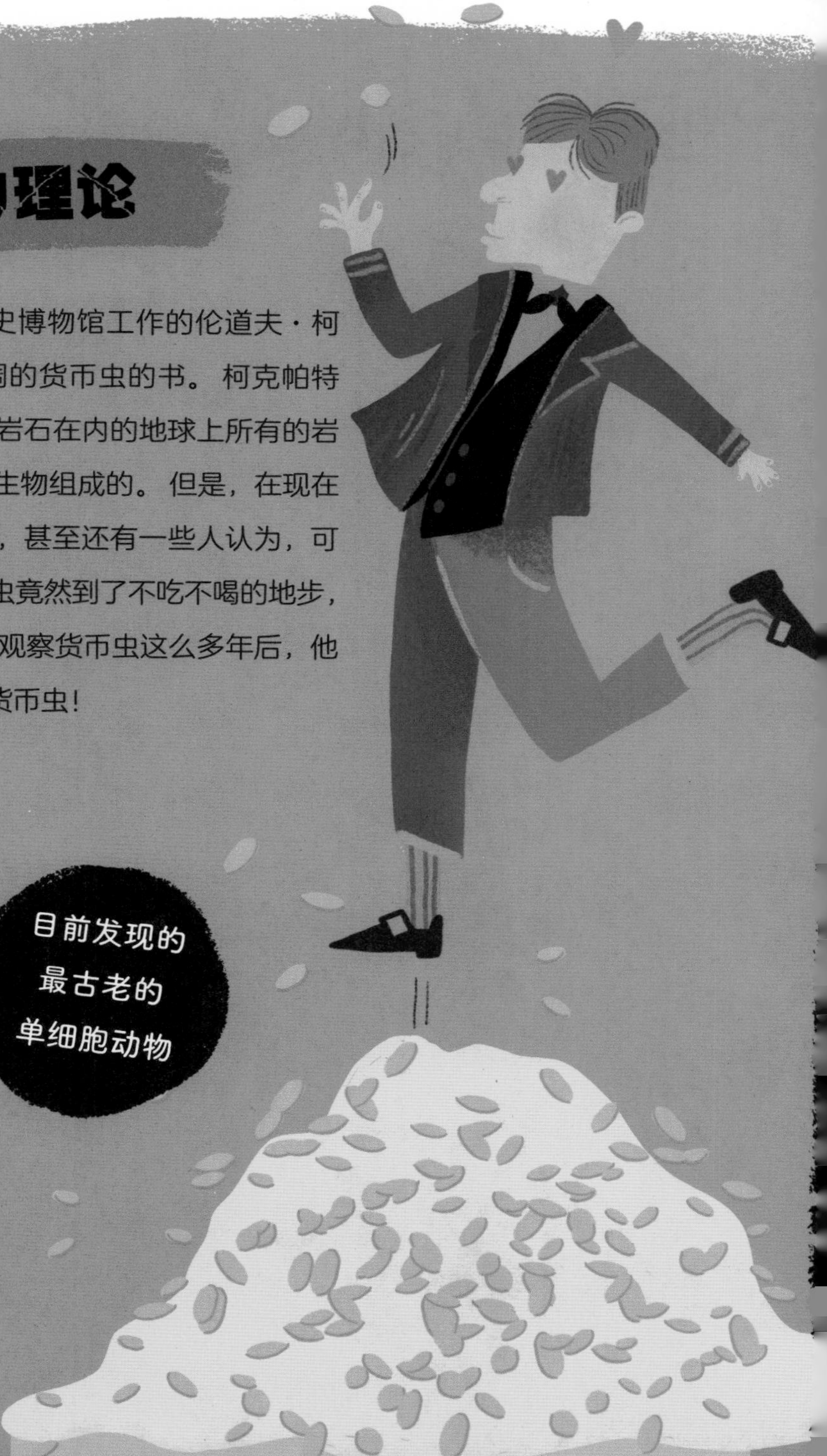

货币虫

你可能对自己身体里的微小细胞很熟悉，比如血细胞，或皮肤细胞。正是这些协同工作的细胞构成了你的整个机体。但是，有些动物却是由一个细胞组成的，这个细胞可以提供生命体所需的一切。货币虫就是一种单细胞动物，它的身体呈圆片形或长圆形，由许多小腔室组成。这些家伙的直径可达 16 厘米，而且还能够活到 100 岁呢！

目前发现的
最古老的
单细胞动物

信不信由你……

你可知道？用来建造金字塔的岩石中，就藏有许多货币虫化石。然而，更为离奇的是，人们甚至曾一度认为货币虫是古埃及人扔在地上的扁豆！

古生代

穿上你的旅游鞋，我们要穿越到很久很久以前去探险了！这时候你会发现自己身处一个古老的海洋，距离现在约有 5.4 亿年。在这里你会看到焕发新生命的海洋。这就是古生代的早期，古生代始于一场“大爆发”，又伴随着一场“大爆炸”结束。

古生代最开始突然出现了大量的生命体，因此这个时代又被称为寒武纪生命大爆发时期。前所未有的新奇动物出现了，蠕虫长着触手般的腿和尖刺般的背，致命的水生生物长着虾形躯干，太可怕了！这个时代虽然生机勃勃，却有了生存法则，动物们不是吃就是被吃。在这场生存竞赛中，形态各异的生物大量涌现。生物进化出像牙齿这样坚硬的部位，以更好地咀嚼食物，还进化出骨骼和外壳来保护自己。地球上的生物开始在海底挖洞以躲避危险！

在这一章，你将会遇到生命史上最早的掠食者，比如奇虾，甚至最早的寄生虫。

寒武纪生命大爆发是历史记录中最重要的事件之一。世界上许多重要动物的起源都可以追溯到这个时期。“雪球地球”解冻之后，地球的环境发生了巨变。大约在同一时期，随着超级大陆的形成，海洋也变得更加开阔。为什么会发生这种令人难以置信的生命大爆发现象呢？科学家们至今仍在

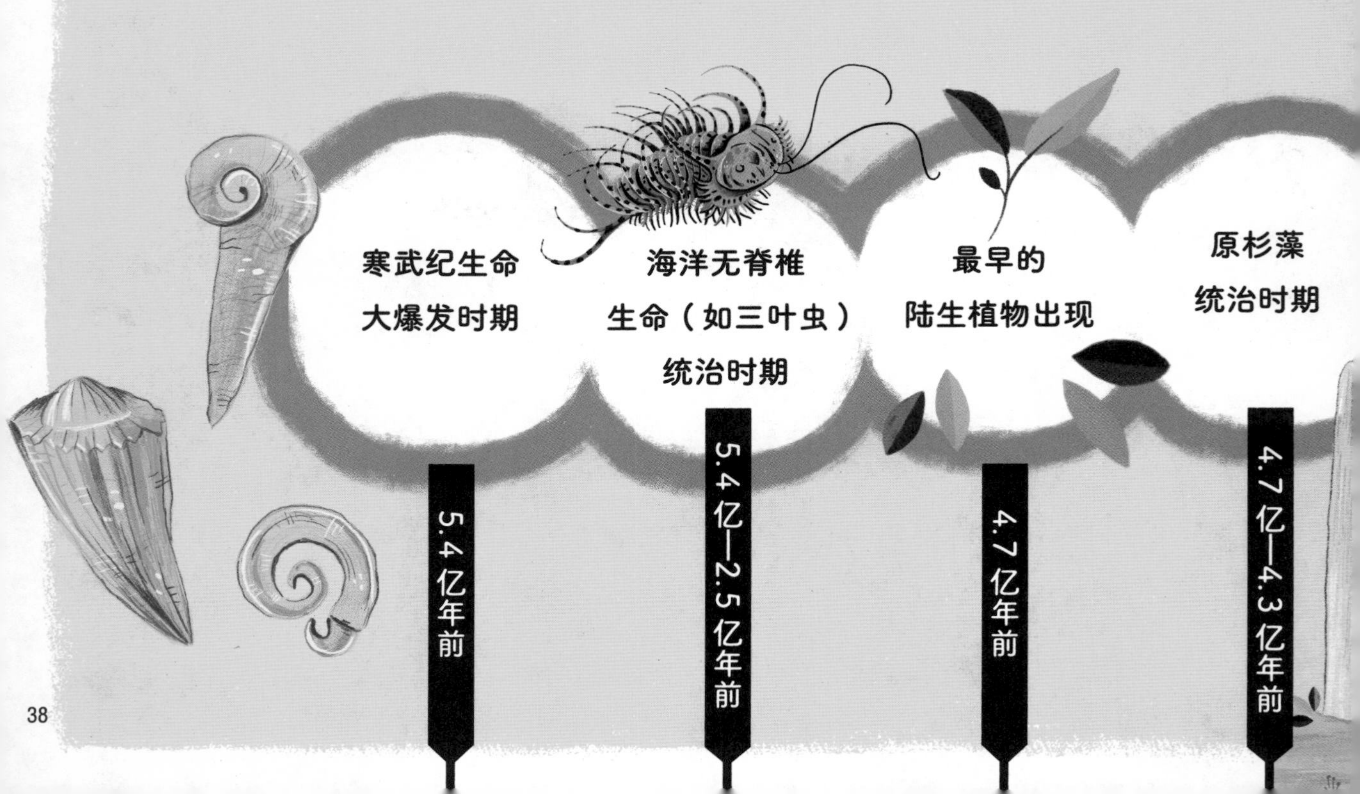

争论，许多人认为是环境变化导致了海洋中氧气和营养物质的增加。动物需要氧气才能生存，而海洋中含氧量的增加使动物加快了进化。营养物质的增加可能让动物第一次形成了身体的骨架和外壳。

在近 3 亿年的古生代，有许多重要的里程碑。我们第一次看到了陆生植物、巨型真菌和鱼。如果你能回到过去，你就会发现这个世界真是个神奇的地方。曾经有一段时间，陆地上还没有树木、森林，而被一种称为原杉藻的巨型真菌覆盖。莱茵耶克尔鲎（hòu）的个头如人类一样，而不是小型节肢类动物！生活在这一时期的生物为适应环境，做出了大胆尝试，身体结构发生了奇妙的变化。比如三叉戟三叶虫的鼻子分叉了，邓氏鱼长了盔甲，提塔利克鱼竟然第一次尝试用腿走路！

古生代以“大爆炸”结束了这个纪元，没有使生命生生不息地繁衍下去，反而导致全球生命的毁灭。古生代末期（2.52 亿年前），发生了一次大规模的生物灭绝事件：90% 以上的动物物种灭绝，几乎所有的植物都消失了。人们将这个时期称为“大灭绝时期”。你能想象当时的地球有多么荒凉吗？直至今天科学家们仍在研究这场灭绝发生的原因。大多数人相信是大范围的火山爆发导致地球温度急剧升高造成的。可谁知道呢？如果不是这次灭绝，我们可能依旧可以看到像三叶虫这类神奇的动物。而大灭绝过去很久之后才出现了恐龙。

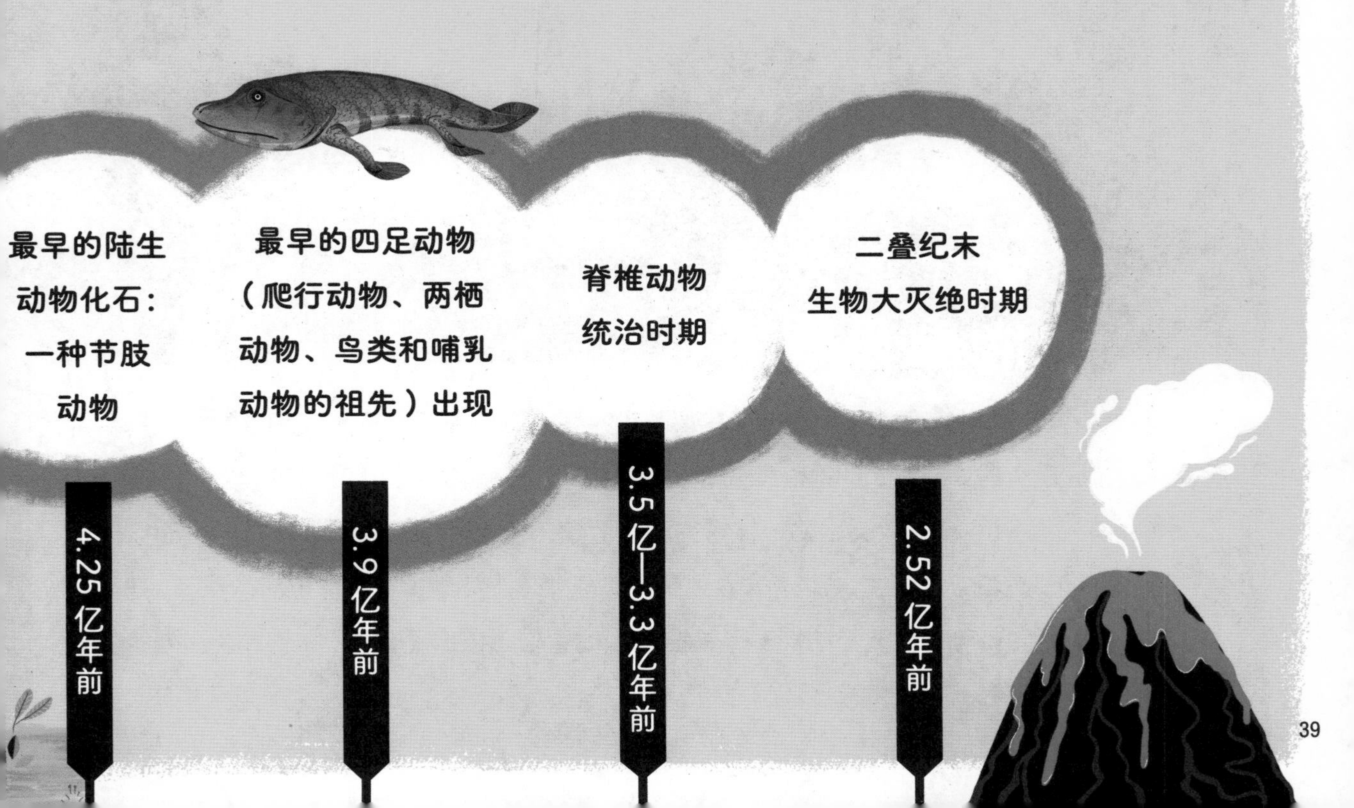

恐怖的猎手

奇虾

奇虾长着一对“象牙”，看着有点傻里傻气的，但它却是地球生命史上最早的掠食者，也是位居食物链顶端的终极掠食者。成年奇虾体长可达 1 米，躯干上长着一系列成对的桨状叶，尾部长着尾扇，两只大眼睛长在肉柄上。5 亿年前，凭借快速移动和绝佳视力，奇虾让整个海洋生物圈闻风丧胆。奇虾头部还生有一对多刺的前附肢，奇虾就是用这对前附肢来捕食的。一旦抓住猎物，奇虾就用前附肢将倒霉蛋送到嘴边大快朵颐。

为了离老远也能看见你哦！

2011 年，科学家们发现了一些保存得非常完好的奇虾眼睛。人们发现这是一种具有特殊构造的眼睛，叫作复眼。我们人类的每只眼睛只有一个晶状体，但奇虾的复眼有成千上万个晶状体。复眼不能像人类眼睛一样看得那么清楚，但这么多的晶状体很有用，动作极快的猎物都逃不过奇虾的眼睛。这意味着复眼比单晶状体眼能看得更广、更多、更远。昆虫、蜘蛛、螃蟹和对虾等现代节肢动物都有复眼。由此看来，奇虾很可能是一种非常古老的节肢动物，是所有现代节肢动物的远亲。

没头绪地抓“虾”！

动物和植物的残骸形成的化石比完整的实体化石更常见。如果只有一小部分实体的化石，科学家们怎么能确定这属于哪种动物呢？古生物学家的工作也因此变得极具挑战性。第一批被发现的奇虾化石也只是残骸。

有些残骸看起来像奇虾尾巴，但没有头。尽管科学家们进行了大量的研究，他们还是只找到了数百个这样的“尾巴”化石，而从未找到完整的实体化石。另一种常见的化石是菠萝的形状，科学家将其误以为是一种不常见的水母。直到发现了完整奇虾的化石，这个谜团才得以解开。所谓的奇虾尾巴实际上是奇虾的前附肢，而曾被人们误认为的水母其实是奇虾的嘴！

奇虾吃什么？

有人认为奇虾没有牙齿，其实恰好相反，它的嘴里有着 32 副重叠的齿板。我们发现的三叶虫化石身上有“W”形咬痕，许多科学家都认为是奇虾咬的。也有科学家认为，奇虾的齿板太软了，无法咬动三叶虫，它可能更喜欢比较软一点的猎物。通过化石来研究古生物是很困难的，因此为了揭开真相，科学家们难免陷入争论！

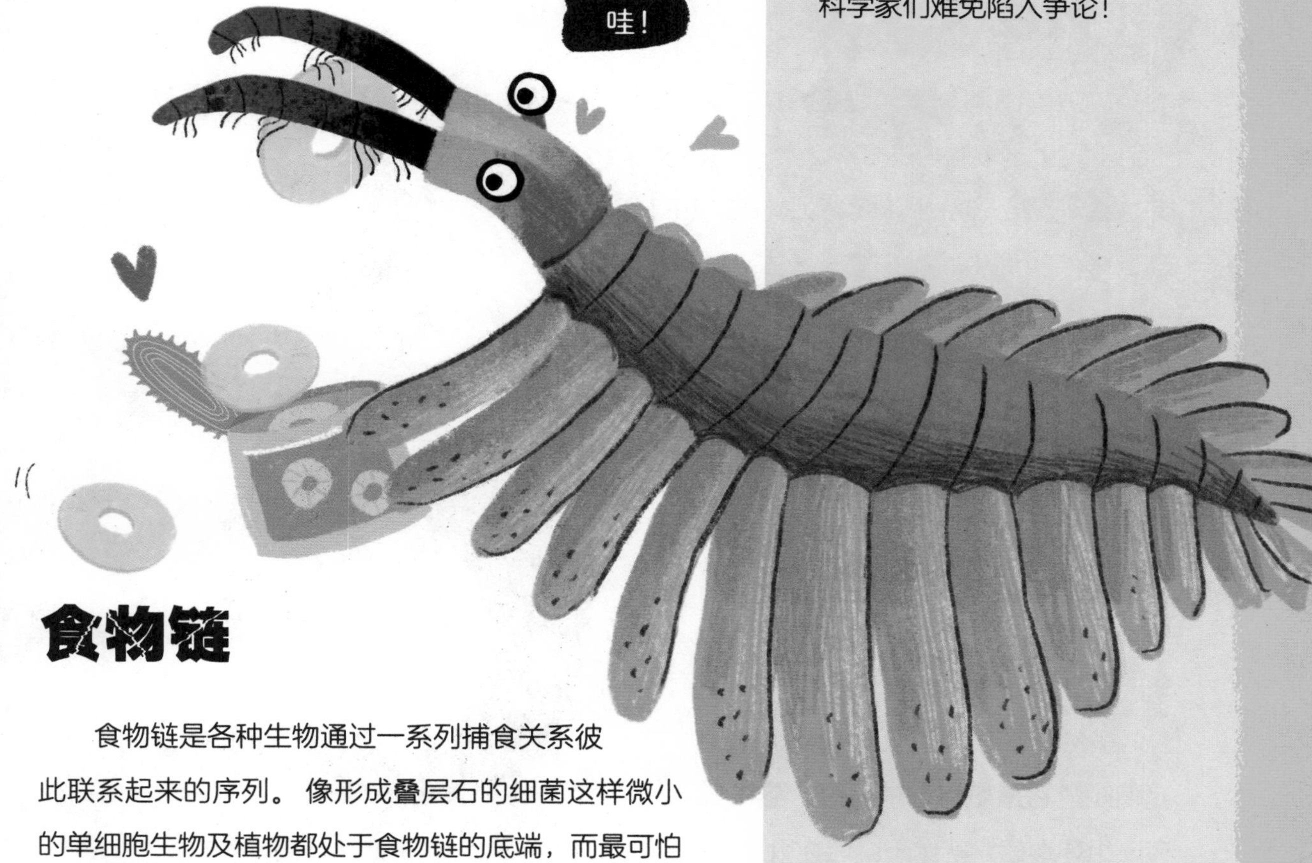

食物链

食物链是各种生物通过一系列捕食关系彼此联系起来的序列。像形成叠层石的细菌这样微小的单细胞生物及植物都处于食物链的底端，而最可怕的掠食者位于食物链的顶端。

到底发生了什么事？

怪诞虫

当化石猎人第一次发现怪诞虫时，他们一定是这样想的："我们是出现了幻觉，还是发现了历史记录中最奇怪的化石？"怪诞虫的名字含义指的是不真实的东西。实话说，化石猎人们的确对其感到非常困惑。这个小家伙一边长着尖刺，另一边长着触手，还长着一个看起来像尾巴的长条形的头。这种动物长得太怪了，没有人知道哪儿是它的头，哪儿是它的尾！所以在第一次还原怪诞虫的样子时，科学家们彻底弄混了，把刺当成了腿，把屁股当成了头！

揭开真面目

1991 年，科学家们终于将这个谜团解开了。当时科学家们发现了越来越多的怪诞虫化石，并进行了反复的研究。发现奇怪的触手是它背上长的，它并不是在踩着高跷走路。怪诞虫看起来像一种古老的蠕虫，背上的尖刺可以保护它免受掠食者的伤害。你也许很想知道我们是怎样确定究竟哪一端才是它的头和尾。2015 年，科学家使用了一种非常强大的显微镜，即电子显微镜。放大后，他们终于发现了怪诞虫的"真面目"：面部显现出了露齿的微笑和两只小眼睛！

怪诞的吃法

虽然我们不知道怪诞虫喜欢吃什么，但我们知道它是如何吃东西的。它的嘴周围有一组环形齿，就像一个迷你吸尘器一样，一边移动，一边从海底吸取美食。漂亮！

最古老的寄生虫

寄生虫是一种生活在另一种生物身上或体内的生物。但在这种关系中只有寄生虫受益！最近，科学家们在化石中发现了5亿年前最古老的寄生虫存在的证据。与此同时，奇虾也正在海洋中游动。化石里的这些寄生虫看起来有点像蠕虫，它生活在远古腕足生物壳体表面的管子里。

你熟悉绦虫或虱子这类现代的寄生虫吗？也许你自己身上（肚子里、头发上）曾经有过呢！

不速之客

腕足动物有大小不等的两瓣壳体，看起来可能有点像在海滩上找到的蛤蜊。有时寄生虫的存在会让它的壳很难长得更大，所以没有寄生虫的腕足动物贝壳会更大。有些腕足动物身上最少有7种寄生虫。这些寄生虫肯定让腕足动物生活得不那么称心如意。它们从管状巢穴里探出头来的地方，正是腕足动物的嘴巴部位。腕足动物从水里获取食物放到嘴边，还没来得及享用，这些寄生虫就会趁机伸出头，毫不客气地拿走一点！

三叶虫

三叶虫是节肢动物的一种，分节的身体覆盖着坚硬的外骨骼。现代节肢动物包括昆虫纲、蛛形纲和甲壳纲等动物。三叶虫虽然现在已经灭绝了，但它们仍然是一群非常成功的动物。它们最早出现在约5.21亿年前，在海洋中生存了大约2.7亿年。如果你能回到那个时候并潜入深海，你就会看到，从浅滩到海底深渊，到处都有三叶虫。

大多数三叶虫用腿在海底行走，但有人认为有些三叶虫也具有游泳的能力。

太酷了！

名字有什么含义？

三叶虫名字里的“三叶”是指位于它头部和尾部之间的区域是由三部分（左叶、中叶和右叶）组成的。

体外的骨头

三叶虫有一个坚硬的外壳，称为外骨骼。随着躯体越长越大，它原来的外骨骼就会蜕皮脱落，长出一个新的更大的外骨骼。许多现代的动物都有蜕皮的现象，比如蟋蟀和蜘蛛。三叶虫的外骨骼又厚又结实。一只三叶虫可以多次蜕皮，产生许多脱落的外骨骼，我们经常发现很多这种外骨骼化石。

科学家们已经描述了2.5万多种三叶虫。

成千上万的三叶虫

有些三叶虫是掠食者（捕杀其他动物为食），有些则是食腐动物（吃已经死亡的动物尸体），还有些以浮游生物为食（吃海洋中的微小生物）。它们大小不等，有的比芝麻还小，有的像5岁孩子那么高。它们形状各异，有的又矮又胖，像烤豆一样；有的又长又多刺，像针垫一样。有的眼睛特别大，有的眼睛长在头的两侧，还有的眼睛都是瞎的。最奇怪的两种三叶虫还得是酒糟鼻三叶虫（*Actinopeltis globosus*）和三叉戟三叶虫（*Walliserops trifurcatus*）。

酒糟鼻三叶虫

酒糟鼻三叶虫头顶中央长着一只非常特别的“鼻子”，像一个巨大的泡泡球，模样跟红鼻子驯鹿鲁道夫很像。这个部位虽然看起来与鼻子有点相似，但它可不是用来闻味道的。一些科学家认为酒糟鼻三叶虫这个球状的部位，有助于它在汹涌的海水中漂浮，但也有人认为这是一个卵囊。三叶虫身上奇怪的地方其实不只这个，还有就是它的胃长在脑袋里，就在球状“鼻子”下面！想象一下，假如你头上顶着自己的肚子，那么肚子时常咕噜咕噜地响，你一定能听得真真切切，不胜其烦！

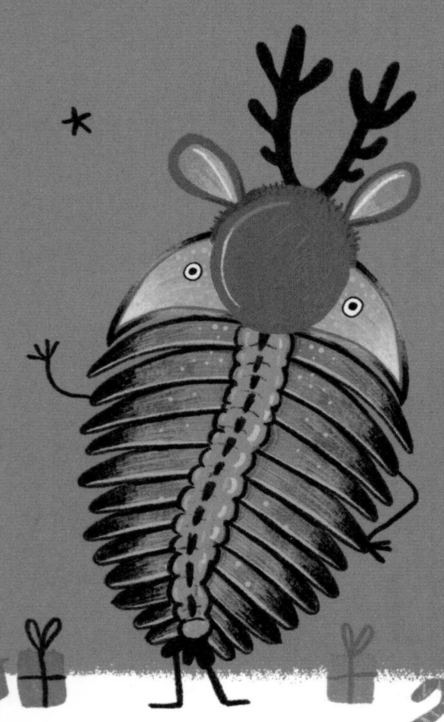

三叉戟三叶虫

如果头上可以长出三个长长的尖叉，还要一个像酒糟鼻三叶虫那样傻乎乎的“鼻子”干什么呢？这种长相怪异的三叶虫长出这样的三叉戟绝不是偶然，一定有它的道理，但科学家们的解释五花八门，无法达成一致的意见。也许这个戟就像锚一样，能让它在暴风雨中固定不动，不被汹涌的海水冲走；或者在争夺伴侣的搏斗中，戟对戟短兵相接；或者用来防身。

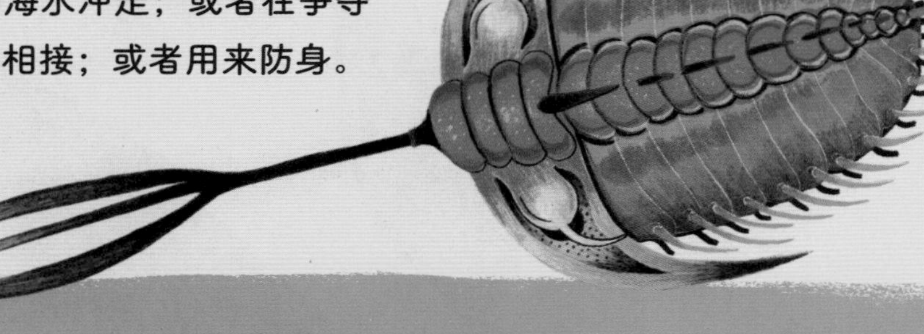

有些科学家认为这种三叶虫会用它的戟来吃东西！

子弹鹦鹉螺

瑞诺角石

这个长达 2.4 米的庞然大物可不是小角色。瑞诺角石可能是 3.25 亿年前捕食三叶虫的强劲猎手。它是一种直壳鹦鹉螺，也就是说它的外壳是笔直的锥状。鹦鹉螺是乌贼、章鱼的近亲，但它们之间有一个很大的不同，那就是鹦鹉螺柔软的身体外覆盖着一层保护壳。虽然瑞诺角石在现今的海洋中已不复存在，但它的亲戚鹦鹉螺至今依然存活着。现代的鹦鹉螺不像瑞诺角石，它的外壳是卷曲的，直径约有 20 厘米，白色和橙色相间的条纹光彩夺目。

那是一颗穿过海洋的巨大子弹吗？不，那是瑞诺角石，又称子弹鹦鹉螺。

最可怕的海蝎子

莱茵耶克尔鲎

莱茵耶克尔鲎名声很响亮，是曾经驰骋在我们这个星球上的最大的节肢动物。但是今天的节肢动物比莱茵耶克尔鲎小得多。它虽然不是巨虾，却更可怕。它是一种板足鲎，俗称海蝎子。它生活在4.6亿～2.55亿年前的海洋中，体长可达2.6米，这个尺寸比一个成年男性篮球运动员还要高！

弗兰纳里探秘志

地铁隧道里偶遇海星

一天，我正在维多利亚博物馆的古脊椎动物学家汤姆·里奇博士的化石实验室里准备工作时，一个建筑工人走了进来，他把两块石头放在长凳上。每块石头都是美丽的海星模样！这名男子解释说，他一直在挖掘墨尔本的地铁隧道，偶然在博物馆的地下深处发现了这些化石。汤姆博士很快就把这些化石的年代确定为志留纪（古生代的一个时期）。这些海星生活在4.4亿年前！那时，墨尔本周围的区域还是一片深海。你说这件事情有多巧：深海保存了这么久的海星竟然在修建博物馆地下隧道时被发现了！

你的爪子好大啊！

莱茵耶克尔鲎是一种巨型海蝎子，身体很长，而且有分节，还有 4 对行走的附肢，一对可以在水中划行的附肢，最前面还有两个可怕的大爪子。它也是一种活跃的掠食者，可能用巨大的爪子捕捉较小的节肢动物甚至脊椎动物为食。它栖息在河流与大海交汇处。想象一下，你在假日里正开心地建一座沙堡，突然一只巨大的海蝎子从浅滩上冒了出来！不过别担心，它现在只是化石。

一种巨大的真菌

原杉藻

跳进时间机器，把目的地设定在4亿年前。出来后，你环顾四周，发现这时恐龙还没有统治地球，甚至大地上还没有长满自己熟悉的一片片森林。这时，你步入了一个远古丛林地带，周围全都是低矮的植物，连1米高都不到……但是，再往远一点，你眼前突然出现一个庞然大物，赫然矗立在这片古老丛林之中！这就是原杉藻，是一种真菌，它的巨大的茎秆是由相互交织的管状组织构成的。有些原杉藻的茎秆又粗又高，直径可达1米，高近9米。你知道吗？这种真菌可是当时陆地上最引人注目的生命形态。

真是令人难以置信！

真菌的真相

像原杉藻这样的真菌，既不是动物，也不是植物。它们是一种特殊的生命形态，不像植物那样吸收太阳能，也不像动物那样进食，而是通过吸收周围腐烂的生物来生存。原杉藻就像是地球的垃圾加工厂！这可是一项非常重要的工作：通过分解生物死尸，原杉藻能将营养物质释放回土壤中，这样有助于创造出新的生命。

令科学界困惑近两个世纪的真菌

自从 1843 年首次发现原杉藻以来，科学家们一直弄不清楚它到底是什么。没有人能想到，真菌竟然能长得这么大！起初，人们认为它是一颗巨大的松树腐烂后的化石，还有人一度认为它是一株超大的海藻。直到 2007 年这个谜团才解开，原杉藻是一种真菌。

是受害者也是加害者

有证据表明，昆虫、蜘蛛等动物会在原杉藻的茎秆上钻洞。它们很可能在这种巨大的真菌茎秆上挖洞觅食，甚至筑巢。但原杉藻不仅是“被侵害”的受害物种，同时也是“侵害”其他物种的罪魁祸首！已经发现的化石表明，原杉藻有刺穿附近植物枝条的能力。

我的天哪！

“树维网”（木头万维网）

在地底下，真菌能够形成一个巨大的网络，名为“树维网”，目的是连接树木的根部！树木可以利用树维网将营养物质传递给它们的亲缘植物，又能和其他植物相互交流，一旦预知危险，就能相互发出警告。

鱼鳍就是足，是用来走路的……

提塔利克鱼

它绝对是鱼，因为它有鳞片和鳃。但如果仔细观察，我们会发现它的头有点像鳄鱼。就像淡水鳄鱼一样，提塔利克鱼大都在河流中生活，能长到 2.7 米长。但提塔利克鱼和普通的鱼有一个最大的不同：提塔利克鱼不仅能用鳍游泳，在泥泞的河底休息时还能用鳍支撑身体，甚至在非常浅的水中四处移动。

真奇怪！

你知道吗？

有些科学家认为，像提塔利克鱼这样的动物冒险从水里登上陆地，是为了躲避天敌，或者是为了寻找一个更安全的地方来产卵。

远古家谱

信不信由你，提塔利克鱼很可能是我们的曾曾曾曾曾曾曾曾……祖母！四足动物包括两栖动物（青蛙、蟾蜍和蝾螈等），哺乳动物（用乳汁喂养幼崽的温血动物，如人类、奶牛和鲸），爬行动物和鸟类等。所有四足动物的起源都可以追溯到鱼类。提塔利克鱼是一种肉鳍鱼，它的鳍是丰满的，长得很厚实。正是这些肉鳍鱼最终进化成了最早的四足动物。

鱼的一小步，鱼类的一大步

提塔利克鱼大约生活在 3.75 亿年前，代表进化的一个重要阶段——远古的鱼类第一次离开水域，踏上陆地。除了鱼鳃，提塔利克鱼还进化出了最原始的肺，用来呼吸空气，这样就能在水岸附近自由活动了。

一种古老的盾皮鱼

邓氏鱼

亿万年前的鱼和现代的鱼长得大不一样，尤其是像邓氏鱼这样的盾皮鱼。它名叫盾皮鱼，是因为这种鱼的头上覆盖着坚固的骨质“盔甲”，所以它可不是好惹的！

呀！
真神奇啊！

像河马一样大的鱼，好可怕呀！

邓氏鱼长得可凶了！可达 10 米长，个头、体重就像一头大河马！它头骨巨大，下巴强劲有力，没有牙齿，但却长着一副刀片状骨板，上面有尖齿，锋利无比，可用来切断、咬碎东西。邓氏鱼的咬合力超级强，专门捕食其他掠食者，不愧是世界上最早的“超级掠食者”。它最喜欢吃大鱼，甚至还吃鲨鱼。因为科学家发现，在现存的一些邓氏鱼化石中，它们的胃里还残留着没有消化完的这些动物躯体。

大约 3.7 亿年前，邓氏鱼生活在全球的海洋中。

如果某些动物有坚硬的结构组织，那就更有可能以化石的形式保存下来。因此，贝壳类和动物牙齿的化石要比水母和蠕虫的化石多得多。邓氏鱼身上的长盔甲还覆盖不到全身的一半，而发现这些部位的化石概率要大很多。

在所有的邓氏鱼化石中，95% 都是身体前段长盔甲的部位。

人类的颌骨源于远古鱼类!

长吻麒麟鱼

和邓氏鱼一样，长吻麒麟鱼也是一种有盔甲的盾皮鱼，但它们是截然不同的动物。首先，长吻麒麟鱼并不像河马那么大——它体长只有 20 厘米左右，远没有邓氏鱼那么吓人。但它看起来很像鲇鱼，头的前端长着可爱的尖尖的吻部。这种鱼可不是一般的鱼，它生活在 4.23 亿年前，是一种很古老的鱼，在鱼类中名气很大。而且它的下巴与现代哺乳动物（比如人类）很相似!

太神奇了!

长吻麒麟鱼的嘴长在头的下方，它在海底游动时，可能以海底食物为食。

最大的陆生无脊椎动物

古马陆

古马陆是一种千足虫，但它不适合在一块普通的石头下安家，那下面连它的脚跟都落不下。因为这个家伙称得上真正的庞然大物，它的身体由大约 30 个分节组成，体长 2 米多！大约 3 亿年前，古马陆在森林地面上爬行。科学家们认为，那时空气中含氧量很高，周围也没有天敌，因而古马陆才能长到这么大。人们不但发现了古马陆的完整化石，还发现了它的许多足迹化石。

你是否有过这样的经历？在花园里搬起一块石头时，发现一只身体超长、足又多，像千足虫一样的节肢动物，吓了一大跳！

古马陆很可能是植食动物。这是因为科学家发现它们的粪化石中含有植物碎片！

你知道吗？

粪化石就是动物的大便化石。

芦木

芦木是一种古马尾植物。但是，并不像你想的那样，因为没有哪匹马的尾巴上长着马尾草！现代的马尾草很小，是草本植物。马尾草从地面伸出来，看起来有点像马的尾巴。现代的马尾草大多生长在沼泽地区，但 3 亿年前古马尾植物可是森林的主宰。在化石记录中，芦木是最大的古马尾植物，但它看起来不太像草本植物，倒更像大松树。它可以长到 30 米高，大概相当于 10 辆公共汽车摞在一起那么高！

芦木的茎秆像竹子一样
分成好几节，
里面是中空的，
叶子成簇生长，
像针一样尖尖的。

塔利怪物

塔利怪物长得就像是你的小妹妹根据科幻小说胡乱画出来的。它脑袋上伸出两根杆状物，两只眼睛长在“杆子”顶端，鱼雷形状的身躯上连着一个细长的鼻子，类似象鼻，但是这个“象鼻”末端却只有一个鼻孔。塔利怪物长着一副狰狞的下颌，上面长满了锋利的牙齿。更奇怪的是，这些牙齿的质地可能和你的指甲一样！它的身体超级柔软，因为体内看不到任何坚硬的部分。但说起它的本性，那可不是开玩笑的！

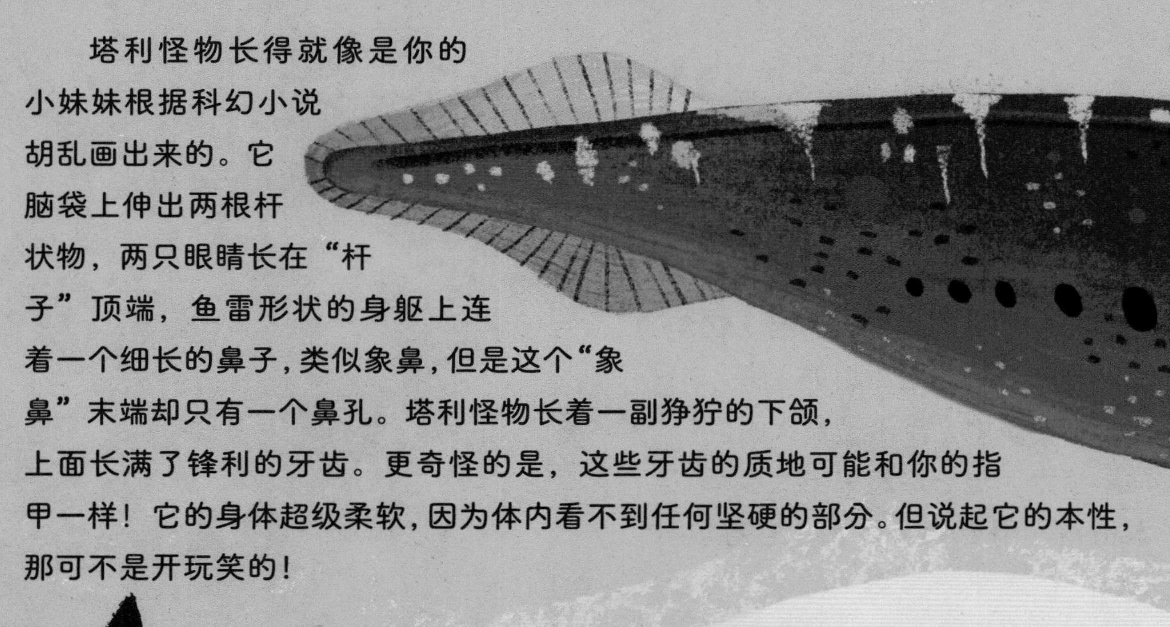

人们发现，早在大约3亿年前，塔利怪物就在热带浅海中游动，伺机猎食。

有趣的事实

塔利怪物化石是美国伊利诺伊州的州化石。事实上，世界上许多国家和地区都有代表性的化石。那么，查一查你所在的地区有没有代表性的化石。

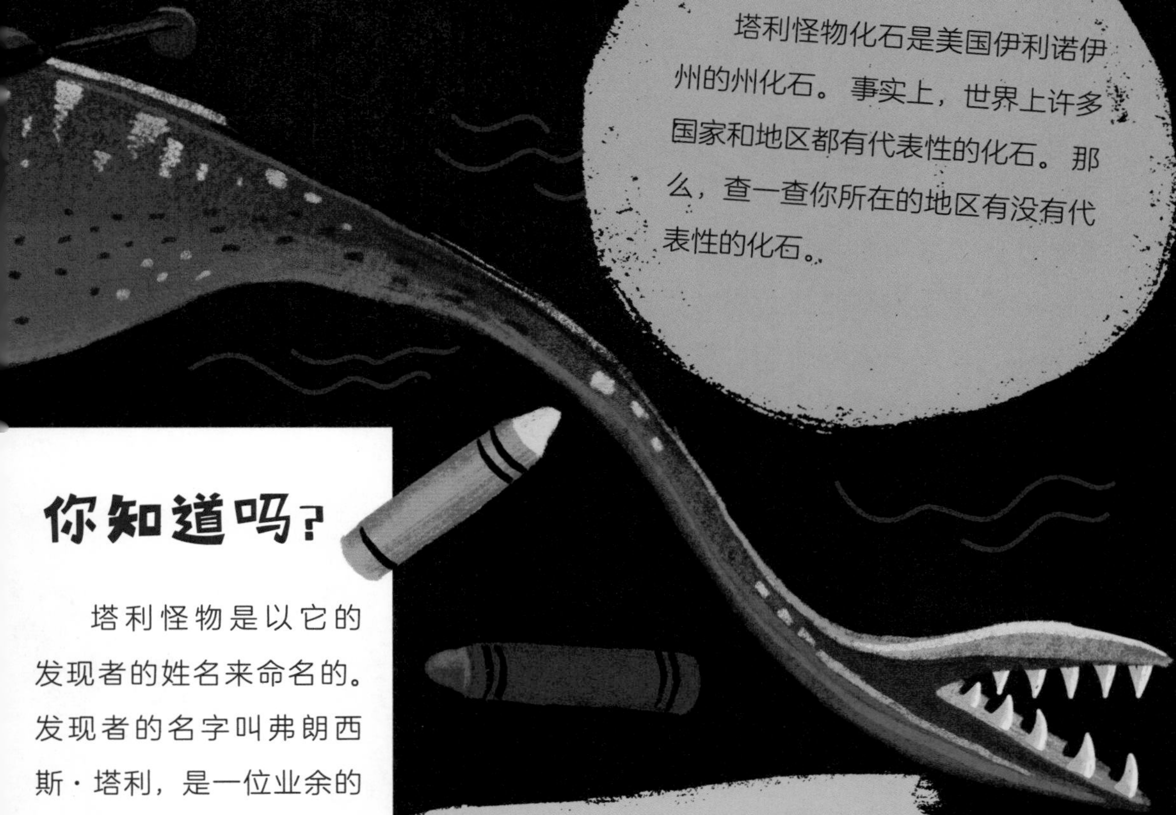

你知道吗？

塔利怪物是以它的发现者的姓名来命名的。发现者的名字叫弗朗西斯·塔利，是一位业余的化石收藏家。他发现这块有趣的化石后，把它送到了当地的自然历史博物馆进行鉴定。如果你在寻找化石的过程中跟他一样足够细心，或许你也会发现一种怪物呢！

塔利怪物属于哪种动物？

一直以来，科学家们对塔利怪物这种奇怪的动物争论不休：这个怪物究竟该位于进化树中哪个位置？自从发现它以来，科学家们提出了各种各样的猜想——是鱼、乌贼、致命的海蛞蝓、对虾，还是蠕虫？目前科学界还没有定论。

狠咬一口

大异齿龙

这家伙看起来确实像恐龙，但实际上大异齿龙灭绝几千万年后才出现了恐龙。信不信由你，与灭绝的恐龙或任何爬行动物相比，大异齿龙与现存哺乳动物的亲缘关系更近。它是最早发现的牙齿纵切面是锯齿状的陆生掠食者，这种尖尖的小锯齿就跟厨房里牛排刀的刀刃一样，天生就是用来切割动物肉块的。大异齿龙以鱼类和小型四足动物为食。

早在 2.8 亿年前，这种长相怪异的动物就开始在地球上逛荡了。

竟然吃同伴！

有证据表明，大异齿龙吃自己的同类！科学家们在大异齿龙的骨骼化石中发现了牙齿撕咬的痕迹，这个咬痕居然是另一只大异齿龙的。

你觉得会是用来做什么的？

为什么会有这么漂亮的背帆？

为什么大异齿龙长着如此奇特的背帆？这个谜题令科学界困惑了很长一段时间，因为背帆的存在只会让大异齿龙活动更加不便。这引发了科学家们的各种猜测，有的认为，有了背帆，大异齿龙可能在河岸的芦苇中隐藏得更深；或许背帆能帮助它游得更快；也许背帆像太阳能板一样起到调节体温的作用。还有一种盛行的猜想是，大异齿龙的背帆是用来炫耀的。那么，它会不会是通过炫耀背帆来求偶的，或者在求偶时利用高大的背帆来吓跑竞争对手的？在化石世界中，有无数这样的谜团等待着我们去解开。也许不久的将来，某个谜团就会由你解开！

肚皮贴着地面行走？

多年来，科学家们一直认为大异齿龙的腿是伸展的，它就像低洼地上的蜥蜴那样，肚子贴着地面往前移动。但是，足迹化石表明，大异齿龙的行动并没有那么迟缓，它可能双腿会高高立起来，肚子抬离地面。

真聪明！

哺乳动物的“亲戚”

亚氏狼蜥兽

在 2.6 亿年前，亚氏狼蜥兽生活在现在的俄罗斯境内。它看起来很像一种可怕的爬行动物，但却有许多特征与哺乳动物（比如人类、狗、马、大象）十分类似。你能相信亚氏狼蜥兽最终进化成了哺乳动物吗？其实亚氏狼蜥兽是兽孔目爬行动物。这类物种非常多样，包括巨大的植食动物、尖牙利齿的食肉动物，甚至还有专门吃昆虫的动物。其实，哺乳动物由一种叫作犬齿兽的兽孔目爬行动物进化而来。犬齿兽很可能是全身长满皮毛的温血动物，就像它们现代的哺乳动物亲戚一样。但是，与大多数哺乳动物不同的是，犬齿兽并不是胎生的，而是下蛋孵化！

一个强大的掠食者

想当年，亚氏狼蜥兽还存在的时候，它应该处于食物链最顶端。亚氏狼蜥兽堪称掠食专家，嘴里有两颗又大又尖的犬齿。它的体形和鳄鱼差不多，可用四条腿走路。它的步态，或者说走路的方式，相对于蜥蜴来说可能更像哺乳动物。亚氏狼蜥兽追逐猎物时跑得很快，一般以中型到大型的植食动物为捕食对象。

亚氏狼蜥兽身长约 3.5 米，平均体重可达 300 千克。它就像蜥蜴一样，腿短、身体长。

犄角里有什么？

乌拉尔冠鳄兽

在大约 2.7 亿年前，乌拉尔冠鳄兽就生活在现在的俄罗斯境内。它身长4.5米，头骨巨大，长达65厘米。这家伙最不寻常的是它的头顶和脸的两侧各长了一对角。它可能用这些角来炫耀自己，或是用来与同伴交流，尤其是因一些小事情而要大动干戈时，这些角可以用来预测对方的实力。科学家认为乌拉尔冠鳄兽生活在沼泽附近，或者低洼的湿地。在当时，它是世界上最大的动物之一。

名字有什么含义？

在希腊语中，冠鳄兽名字的意思是“戴着王冠的鳄鱼”。

乌拉尔冠鳄兽喜欢吃什么？长期以来，科学家们一直在争论这个问题。有人认为，它的犬齿又尖又大，比较适合吃肉。但是，这些牙齿同样也能吓跑天敌，现代有些植食动物就长有这样可怕的牙齿，比如河马。此外，它的前腿向外伸展，有点像在劈叉，这在植食动物中很常见。乌拉尔冠鳄兽的外八字腿意味着它们更接近地面，假如我们以植物为食，就会明白这样的体形更方便生活。乌拉尔冠鳄兽身体较长，消化系统体积较大，容纳了肠、胃这样的器官。植物在动物体内是很难分解的，植食动物需要更复杂的消化系统来处理（你知道吗？奶牛有 4 个胃，因此它们可以随便吃草）。由于乌拉尔冠鳄兽是外八字腿，身体又很长，它很可能是植食动物，抑或是动植物都吃的杂食动物。

你知道吗？

起初，通过化石研究，科学家误认为雌性冠鳄兽是另一种动物，它们跟雄性差别太大了。同一物种的雄性和雌性看起来不一样，这叫作“性别二态性”，可以体现在大小、体形等方面。比如说，雄狮比雌狮的体形大，而且鬃毛又长又浓密，这就是一个很好的“性别二态性”的例子。

太丑了！

穆氏水龙兽

穆氏水龙兽的吻部很短，嘴巴宽而笨拙，两颊凹陷，而且两侧各有一颗像犬齿一样的大獠牙，看起来真的不怎么好看。它虽然只有胖胖的狗狗那么大，但却与现代哺乳动物有着亲缘关系。我们人类也是哺乳动物，幸运的是，我们与穆氏水龙兽并没有多少相似之处！ 2.5 亿年前，穆氏水龙兽生活在现在的非洲、南极洲和印度半岛。它的咬合力超强，可以咀嚼非常坚硬的植物。

名字有什么含义？

水龙兽这个名字在希腊语中的意思是“铲子蜥蜴”。

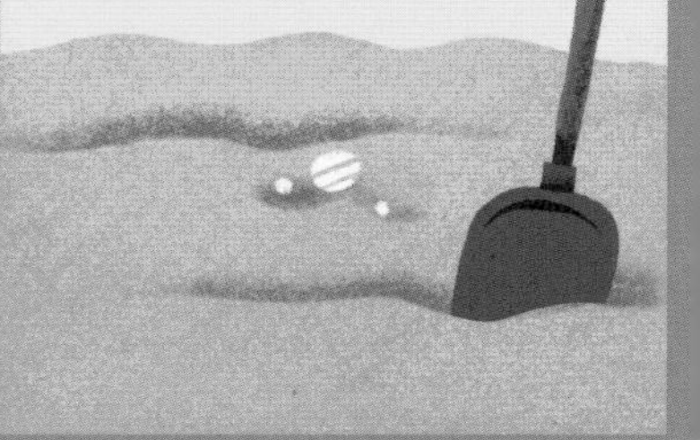

哎哟！

会讲故事的骨头

通过仔细观察穆氏水龙兽的骨头，科学家们可以了解到它的成长过程。通过显微镜，科学家们可以观察到穆氏水龙兽骨头里蕴藏的奥秘：这些骨头可能乍一看是致密的，但近看才发现它们的形态更像海绵。这些骨头上的微小组织称为微结构。这种微结构告诉我们，穆氏水龙兽的成长速度是非常快的。

是水中宝贝，还是掘穴动物呢？

通过研究骨骼化石周围的岩石种类，我们可以知道这种动物生活在什么样的环境中。

起初，科学家认为，穆氏水龙兽完全生活在水里，在沼泽地里打滚，有点像河马。但是，不只是在沼泽地，在干旱地区也发现了它的化石，科学家们认为穆氏水龙兽是半水生动物。这就意味着，它在水中生活了一段时间之后，来到陆地上生活也感觉很自在。仔细研究了它的骨骼形状之后，一些科学家认为，穆氏水龙兽可能也是一种热衷于挖洞的动物。也许，它挖洞就是为了给幼崽筑巢吧。

大灭绝中的幸存者

在古生代末期的大灭绝时期，地球上所有的生命几乎都消亡了，最终幸存下来的并不多。水龙兽很幸运！这种动物不仅存活了下来，而且在大灭绝之后真正繁荣起来，还留下了很多化石。据估计，在大灭绝中幸存下来的陆生脊椎动物中，95% 都是水龙兽。但是，科学家至今还不能确定水龙兽的生命力为何如此顽强。因为在大灭绝时期，大概有很多火山喷发，所以空气不太新鲜，很不适合呼吸。水龙兽很可能长时间习惯了地下穴居生活，因此即使面对恶劣的环境，也能正常呼吸。有些科学家认为，水龙兽能从这场大规模的灭绝事件中幸存下来纯粹是靠运气。或许，水龙兽是在告诉我们：外表的光鲜并不重要，能存活下来才是硬道理！

好大的翅膀

巨脉蜻蜓

如果你认为巨型蘑菇很奇怪，那就等着瞧这个吧。巨脉蜻蜓是生命历史记录中“最大的昆虫”。巨脉蜻蜓的翅膀和家猫一样长——从猫的鼻尖到尾巴尖那么长！这种巨大的昆虫是现代蜻蜓的近亲。巨脉蜻蜓展开巨大的翅膀遨游在远古的天空，去猎食其他昆虫。

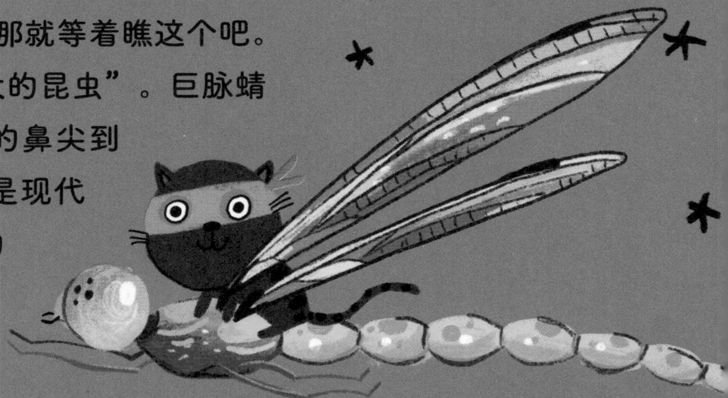

巨脉蜻蜓怎么会长得如此大？

和大多数科学问题一样，这个问题也有好几个答案！其中之一就是氧气。人类为了生存必须呼吸氧气，氧气也是我们周围空气的组成部分。空气中氧含量的多少随着时间的推移而变化。在巨脉蜻蜓生活的时代，空气中的氧气含量比现在多得多。与人类不同的是，昆虫没有肺，它们通过身上的小孔呼吸空气。昆虫体形的大小取决于它们能吸入多少氧气。吸入的氧气越多，昆虫就会长得越大。一些科学家认为，就是因为3亿年前的空气中氧气含量较高，所以巨脉蜻蜓才会长得这么大。

其他科学家认为，可能是缺乏天敌的缘故，巨脉蜻蜓才会长得这么大。

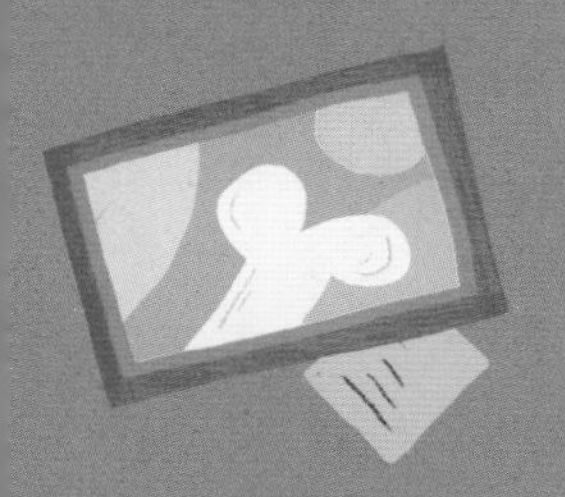

科学家的故事

像人类阴囊一样的化石

最早发现的恐龙是什么样子？答案可能比你想象的要复杂一点。1676 年，科学家们发现了一块很大的股骨化石，但没人知道那究竟是什么。难道是古罗马战争中使用的大象骨头吗？或者，它会不会是一个巨人的骨头？甚至有位科学家认为，这块骨头看起来很像人类睾丸，而且把它命名为“巨人的阴囊石”！阴囊是指睾丸周围的皮肤。后来，那块化石莫名其妙地丢失了——别问我这么大的骨头怎么可能找不见！也许它最后出现在某人的书架上，直到今天还放在那里，只是被忽视了而已。而留给我们的，却只有旧书里的草图了。从形状来看，这块化石极有可能属于斑龙，斑龙是一种大型食肉恐龙，看起来有点像比较小的霸王龙，所以这只斑龙有可能是最早被发现的恐龙。

寻找化石的英雄——玛丽·安宁

玛丽·安宁是古生物学界的真英雄。1799 年，她出生在英国一个叫莱姆里吉斯的地方。玛丽出身贫寒，在很小的时候她好多兄弟姐妹就夭折了，只剩下哥哥约瑟夫。玛丽的父亲理查德是一位化石爱好者，他发现了很多化石，并收藏起来，然后放在他的商店里出售。玛丽一家住的地方离侏罗纪海岸不远，那里有很多化石，比如美丽的菊石化石，以及很多已经灭绝的海洋爬行动物化石。从 5 岁起，玛丽就一直跟着爸爸搜寻化石！父女俩一起沿着海滩散步，玛丽在爸爸那里学到了很多，比如，如何发现化石，如何很好地照顾化石。就这样，玛丽不断努力进取，成为一名了不起的化石猎人。

化石发现仍在继续

在 24 岁那年，玛丽首次发现了蛇颈龙化石。这是一种长颈爬行动物，生活在大约 2 亿年前的海里。它不同于今天任何一种生物，于是许多人认为玛丽的化石是假的！玛丽还在英国首次发现了翼龙化石。翼龙是一种会飞的爬行动物，巨大的翅膀是由薄薄的皮肤膜构成的。翼龙是历史记录中能在空中飞行的最大的动物。

玛丽与鱼龙

玛丽 12 岁时，曾和哥哥约瑟夫一起发现了一块 2 亿多年前的鱼龙头骨化石。鱼龙是生活在海洋中的爬行动物，长着可怕的长吻。玛丽花了好几小时，小心翼翼挖出了化石骨架。在那个年代，人们甚至都没听说过“进化论”，科学家还没有意识到，早在人类之前已经有无数动物生存着，后来都已经灭绝了。没人知道恐龙是什么，更不用说鱼龙了。因此镇上的人都以为她发现了一只怪物，而科学家认为那是一只来自遥远大陆的鳄鱼！

玛丽的遗产

玛丽去世时年仅 47 岁，因为她的发现没有得到科学界的认可，所以她一生过得很清贫。但是，至少我们可以肯定的是，虽然玛丽的职业生涯十分坎坷，但是她对化石的极度热爱让她坚持了下来！玛丽在古生物学领域留下了重要的遗产，创造了许多举世瞩目的成就，包括鱼龙、蛇颈龙和翼龙在内的化石都收藏在了伦敦自然历史博物馆，供人们参观。我想，她如果在泉下有知，一定会感到欣慰的。

著名的粪便！

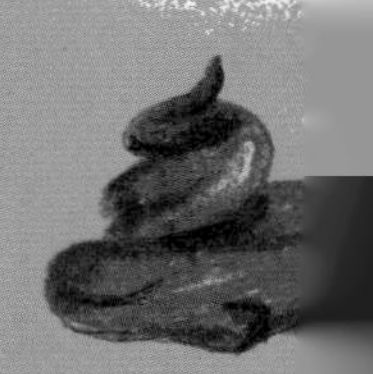

玛丽还是粪化石研究的开拓者！如果其他的发现还说明不了什么，那么单就这一项足以让她扬名立万了。你可能会想知道，为什么会有人对古老的便便感兴趣，但正是这些便便里面隐藏着很多科学奥秘。通过研究粪化石，我们可以发现动物吃什么：是食肉动物，还是植食动物？它还可以提供动物栖息地的线索，乃至告诉我们这些粪便生产者的生活方式：喜欢群居，还是喜欢独自生活？

如此不公！

玛丽工作非常努力，她发现了这么多化石，还把化石安置得妥妥当当。然而，不幸的是，关于她发现的化石召开了许多科学论证会，而她本人都被排除在外，这很不公平。就因为是女性，玛丽甚至没能评上伦敦地质学会的正式成员。但玛丽很坚强，她并没有气馁，而是一如既往地探索远古生命的神奇秘密。

中生代

在中生代早期，即 2.52 亿年前，整个世界异常安静。因为刚刚经历了一场灾难性的物种大灭绝事件。在这场“大灭绝”之后，生命必须卷土重来——幸运的是，在生命的骨子里，一直充满着坚韧！

灾难发生后，就在仅仅几百万年的时间里，迄今为止发现的年代最早的恐龙——帕氏尼亚萨龙，就出现了。没过多久，这些动物就统治了地球。从可怕的食肉恐龙到长颈的植食恐龙，中生代就是恐龙时代。

中生代初期的地球和现在大不一样，只有一块巨大的陆块，叫作“超级大陆”。千奇百怪的恐龙就在这里繁衍生息、延绵不断。

在大约 2 亿年前，超级大陆开始分裂，形成两大陆块。恐龙只生活在陆地上，但其实在这个时期，还有其他可怕的动物，有的飞向了天空，有的潜入了海洋。今天我们仰望天空，会看到许多鸟儿在飞翔。但天上飞的并非一直都是长着羽毛的鸟儿。最早的会飞的脊椎动物并非鸟类，而是一种爬行动物，叫作翼龙。有些翼龙还吃恐龙！它们的头很大，有着长长的翅膀，模样很吓人。有些翼龙，比如纤细夜翼龙，长着奇特的羽冠。令人难以置信的是，一些翼龙的体形有长颈鹿那么大！比如恐怖哈特兹哥翼龙。

这时无论是在陆地，还是在天空，到处充满着危险，我们可能会想到海洋也许是一个安全的藏身之地。嗯……想法太天真了！在海洋中随处可见掠食者，像极泳龙之类的蛇颈龙和有“鱼蜥蜴”之称的鱼龙。鱼龙和可怕的沧龙，比如霍夫曼沧龙，共同主宰整个海洋，它们一个个张开血盆大口，露出可怕的獠牙，在海中巡游，伺机捕获猎物。沧龙是掠食性动物，体长甚至能超过一辆公共汽车，还能把猎物整个吞下。

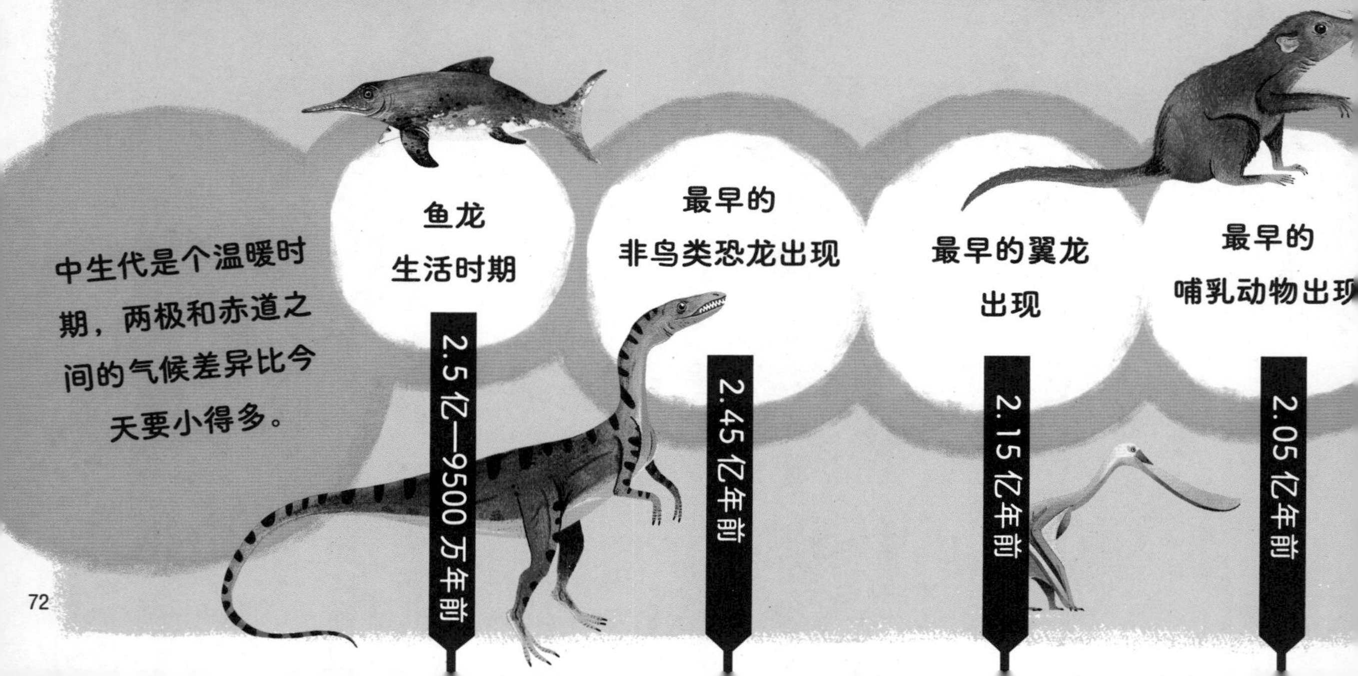

除了这些富有传奇色彩的生物之外，中生代还见证了人类的祖先——最早的哺乳动物的进化，比如，华氏摩尔根兽。哺乳动物是温血动物，包括大象、狗和马，以及人类在内，都用乳汁喂养幼崽！在中生代，哺乳动物的体形大都还没有猫那么大。在可怕的巨型野兽面前，小体形也许是个优势，这样就能快速逃跑或隐藏起来。

你会相信吗？几亿年前，地球上的森林与今天的大不相同：那时地球上没有草，没有果实，也没有花。直到大约 1.5 亿年前，也就是中生代中期，才开始出现第一批开花植物，比如蒙特塞克藻，它们迅速繁衍，遍布整个地球！在现代所有的植物中，超过 80% 的植物开着漂亮的花朵。也正是在这个时期，出现了最早会飞的鸟类。

不幸的是，美好的东西总是留不住。大约 6600 万年前，一个来自遥远太空的不速之客，直径达到 10~15 千米的小行星或彗星向地球疾驰而来。“嗵——嗵嗵——轰——隆隆隆隆隆——”当它撞上地球时，在如今的墨西哥形成了一个巨大的陨石坑。随后一场巨大的海啸席卷全球，激起几千米高的海浪！撞击也使无数的灰尘和火星抛向天空，落到地上后，引发熊熊烈火肆虐燃烧，遮蔽了阳光……植物没了太阳的呵护，失去生存能力，只能枯萎凋谢。植食动物因此没了食物；没了植食动物，许多食肉动物也都逐渐消亡了。之后，海洋洋流受到严重影响，超过四分之三的海洋生物消失了。所有幸存下来的四足动物体重几乎都不超过 25 千克（比一条普通狗的体重还轻）。碰撞前夕，恐龙、翼龙、蛇颈龙和沧龙享受了最后一次在地球上漫步的时光。就这样，在中生代末期，属于它们的辉煌时代迎来了爆炸性的终结。

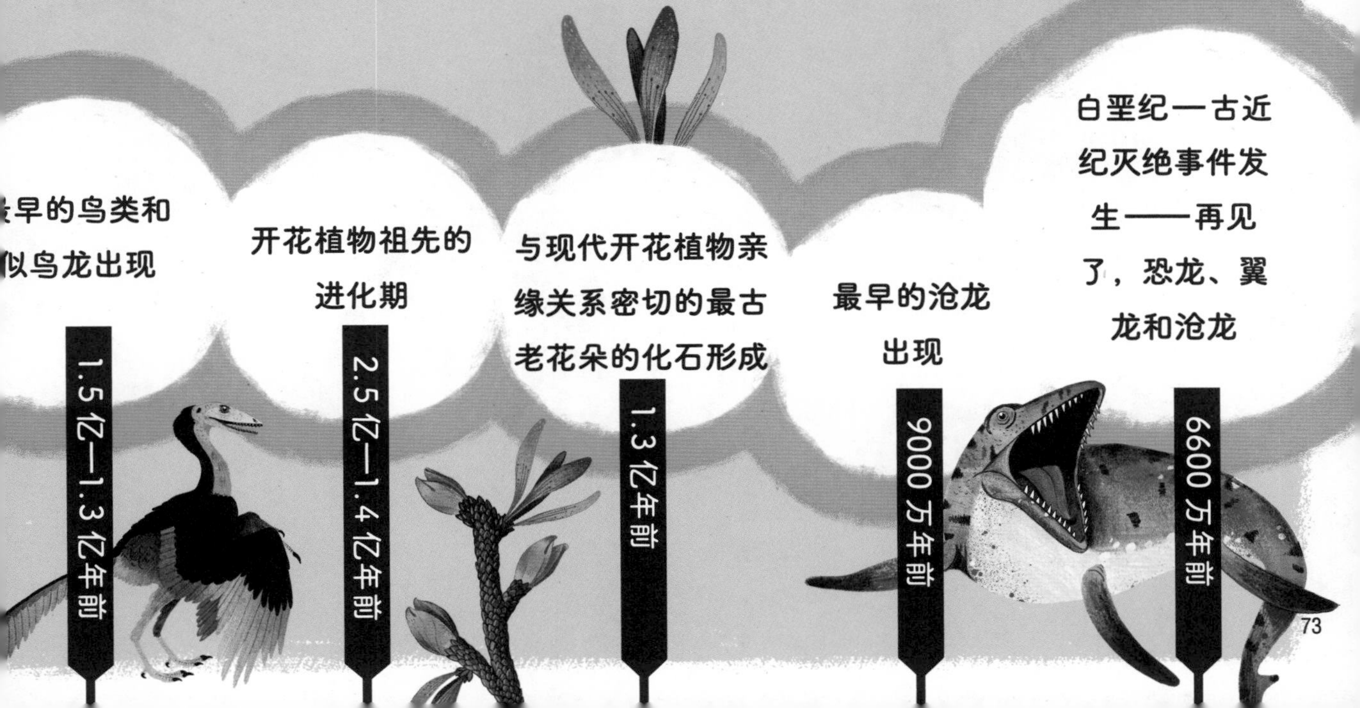

最早的恐龙

帕氏尼亚萨龙

你可能听说过霸王龙或三角龙，但你能说出化石记录中最早的恐龙是什么恐龙吗？在大约 2.45 亿年前，帕氏尼亚萨龙生活在现在的东非一带。它的发现帮助科学家了解了恐龙最初的进化时间和地点。

这种恐龙的大小和宠物拉布拉多犬差不多，但它直立时，尾巴有 1.5 米长！

骨头缺失也无妨

目前只从两组帕氏尼亚萨龙化石标本中发现了 11 块骨头：一组是 1 根肱骨和 6 块脊骨；另一组只有 4 块颈骨。但是，这些零零碎碎的骨头与完整的骨架相差甚远。那么，我们怎么才能知道帕氏尼亚萨龙到底长什么样呢？科学家仅仅用一点点的关键信息，就能创造出奇迹。比如说，考古学家根据已经发现的骨头的大小和形状，利用高科技手段，精确地补全了缺失的骨头，从而重建整个骨架，甚至还能弄清楚它的站立姿态：是用两条腿，还是四条腿！

太聪明啦！

弗兰纳里探秘志

迪亚曼蒂纳河岸上的恐龙骨头

在我18岁的时候，汤姆·里奇博士问我是否想去昆士兰寻找恐龙化石。我激动得一晚上都没合眼。这次探险和我想象的一样令人兴奋和激动。我们跨过崎岖的方山（山顶平展、山坡陡峭的山体），走到迪亚曼蒂纳河以东，发现了恐龙足印、一些小欧泊和很多其他的珍宝。后来有一天，汤姆把我叫到一堆看起来支离破碎的石头旁边。那是一块恐龙腿骨，已经碎成了几百块。于是，我们就在营地的灯光下，一连干了好几小时，才把那些碎骨拼在一起。那就像是一个巨大的拼图游戏，遗憾的是缺失了大约三分之一的碎骨。旅行结束时，我们把这些碎骨粘在一起，拼成了一块巨大的恐龙骨头。不过，骨架上缺失很多碎骨头，露出许多小洞，这让我希望自己能抽出更多的时间去寻找剩下的碎骨！

恐龙是什么？

恐龙是一种生活在中生代的爬行动物。所有的恐龙都属于“恐龙总目”这一门类。自从1842年理查德·欧文创造了“恐龙”这个词以来，科学家们已经描述过1000多种恐龙。

恐龙是一个多样化的群体，有的恐龙很可怕，长着锋利的獠牙，吃肉都不吐骨头；有的恐龙是个庞然大物，脖子和尾巴一样长，步履蹒跚；还有的恐龙长着花哨的褶边或厚厚的圆顶头骨。大部分恐龙几乎只生活在陆地上，除了它们，这个时代还生活着许多其他奇怪而奇妙的生物。会游泳的沧龙和鱼龙、会飞的翼龙、生活在河里的鳄鱼和生活在湖里的巨型两栖动物都不属于恐龙这一门类。

长“羽毛”的“蜥蜴”

长鳞龙

大约在2.4亿年前，长鳞龙这种长相奇怪的爬行动物就在森林中游荡。它虽然只有大约15厘米长，但有一个特征让人不可思议：背上长着一排可爱的长长的类羽毛，每根类羽毛都像曲棍球棒似的，看起来很像鸟的羽毛……但这种类似蜥蜴的爬行动物生活在很久很久以前，确切地说，比发现的最早的羽毛化石的年代还要早8000万年。大多数科学家认为，长鳞龙背上的“羽毛”并不是真正意义上的羽毛，因为它们缺少羽毛的一些重要特征。与长鳞龙的类羽毛不同的是，鸟的羽毛呈分枝状，而且从上到下结构在不断地变化。

是五彩斑斓的类羽毛，还是一片叶子？

对于科学家而言，试图用一块古老的化石弄清楚一种生物长什么样，就像用没有烘干功能的洗衣机把衣服烘干一样难！有一些科学家认为，我们对长鳞龙的认识是完全错误的——因为它的背部根本没有什么类羽毛。这可能只是一只长相普通的蜥蜴，死在了一个奇特的蕨类叶子上，结果形成一块长相怪异的化石罢了！

为什么要打扮得这么俏？

科学家们仍然不能确定，长鳞龙的类羽毛到底有什么用途，甚至不知道那些类羽毛朝着哪个方向伸展！一些科学家认为，这些类羽毛能帮助长鳞龙从一棵树跳到另一棵树；但另一些科学家认为，长鳞龙打扮得这么俏是为了追求配偶。

名字有什么含义？

长鳞龙的属名 *Longisquama* 一词的意思是“长鳞片”。

最早的哺乳动物之一

华氏摩尔根兽

这种像老鼠一样的小动物，可能看起来不怎么像哺乳动物，但它确实是哺乳动物最早的祖先之一——这意味着它也是我们人类的祖先！大约在2.05亿年前，华氏摩尔根兽首次出现，它体长大约10厘米。像许多现代哺乳动物一样，华氏摩尔根兽可能全身长满皮毛。但是，不同的是，华氏摩尔根兽会下蛋，而且大脑有点偏小。

牙齿里有学问

通过研究动物的牙齿，科学家们可以知道它吃什么样的食物。比如说，在植食动物的嘴里，长着用于咀嚼的牙齿，又宽又平，牙脊又糙又厚，非常适合吃植物。有时植食动物的门牙像凿子一样，可以大口吃木头。而食肉动物的牙齿尖锐，非常适合撕咬大块肉。华氏摩尔根兽下颌骨上的牙齿有3个“尖”，看起来有点像国王头上的皇冠。这些齿尖与上面牙齿上的凹坑或凹痕相匹配，非常适合咬碎微小的昆虫。昆虫能提供的营养并不是很多，所以吃昆虫的动物体形通常都比较小。华氏摩尔根兽的小体型和它的牙齿形状表明这种动物有可能是食虫动物。最近的研究表明，华氏摩尔根兽的咬合力很强，更喜欢也更适合吃带硬壳的昆虫。而且，科学家们还在它的一些牙齿上发现了划痕，这些划痕与在现代蝙蝠牙齿上发现的划痕非常相似，而现代蝙蝠就习惯吃有硬壳的甲虫。

巨大的叠层石

在恐龙时代，什么东西有 6 米高，而且还生活在巨大的沙波纹之间呢？那就是巨大的叠层石！这个庞然大物大约有 1.8 亿年的历史，是科学家们在美国犹他州圆顶礁国家公园的纳瓦霍砂岩中发现的。你可能还记得第 28～29 页的叠层石吧？叠层石就是地球上最早的生命化石，是由特殊的细菌菌落引起的矿物沉积和胶结作用而形成的叠层状结构。细菌生长在一层有黏性的地垫表面，周围水中的矿物质和沙子粘在地垫上，地垫就这样层层累积增高，逐渐形成了叠层石。

弗兰纳里探秘志

地球上最古老的锆石

地球上最古老的锆石是一种微小晶体。这种锆石晶体是蓝色的，我们肉眼几乎看不见。最古老的锆石是在西澳大利亚州珀斯以北 800 千米的杰克山及其附近的纳瑞尔山被发现的。2014 年，科学家测定了一块大约 43.75 亿（前后误差在 600 万年以内）岁的锆石。在 20 世纪 90 年代，我参观了纳瑞尔山。这座山是位于沙漠中的一座古老的山，只有几百米高，土地贫瘠，呈红色。拥有纳瑞尔山的牧羊人说，他买下的这块地产是送给妻子的结婚周年纪念礼物。

怪异的头冠

艾氏冰脊龙

艾氏冰脊龙是在南极洲发现的第一种恐龙，它的眼睛上方长着一个很奇怪的冠状物，体长 6.5 米，重 465 千克——大约相当于一匹小马驹。艾氏冰脊龙是食肉动物。这就是说，除了肉，它别的什么都不吃。

这只恐龙怪异的头冠确实很有趣！

是你吗？

人们认为，这种恐龙用它那怪异的头冠来识别同类。现代动物为了能让同类认出自己，可谓各显神通。例如，坎氏长尾猴（也叫坎贝尔猴子）用脸上的彩色图案来识别同类；青蛙通过不同的叫声识别同类；蝴蝶甚至会通过散发出不同的气味来识别同类！

这种恐龙真的喜欢冰天雪地吗？

尽管艾氏冰脊龙的化石是在南极洲的冰天雪地中发现的，但这种恐龙实际上并不喜欢寒冷。大约 1.9 亿年前，艾氏冰脊龙生活的环境要温暖得多。信不信由你，那时候在南极洲根本找不到冰。艾氏冰脊龙在蕨类草地和松林中猎食生存。

在希腊语中，冰脊龙的意思是“冰冻的冠状蜥蜴”。非常有意思的是，这家伙外号叫“猫王”，这是因为它的头冠看起来有点像摇滚明星“猫王”埃尔维斯·普雷斯利的发型！

弗兰纳里探秘志

维多利亚恐龙化石探险记

自1903年以来的80多年时间里，在我长大的维多利亚州，只发现过一块恐龙化石，这是一种食肉恐龙的爪，称为帕特森角爪。这块化石是地质学家威廉·汉密尔顿·弗格森发现的。8岁时，我第一次参观维多利亚博物馆，一名技术人员把那块恐龙爪化石放在我手上，我立刻被那块化石迷住了，所以当时我发誓决不洗拿过帕特森角爪化石的手，还决心要找到更多的恐龙骨头。直到20岁左右，我才有了接触恐龙化石的机会，我有幸结识了一位年长的地质学家朋友，他叫罗布·格莱尼。我向罗布提起了那个著名的帕特森角爪化石。当时，令我惊讶的是，他说他有一张弗格森的地图，上面还用一个红色的“X”标记了发现地点。然后他拿出地图给我看，我眼前一亮，就像得到了一张海盗藏宝图，兴奋得蹦了起来！于是就请求罗布带我和表弟去参观一下，罗布答应了我。几个星期后，我们和罗布一起去帕特森角旅行，那天风很大，天气很冷，还下着倾盆大雨。用了不到20分钟，我们就爬上了海滩，表弟一上海滩就发现了一块骨骼化石。谁承想，这块骨骼化石竟然成了在维多利亚州发现的第二块恐龙化石！接下来的几个月内，我又找到了大约30块恐龙化石，这就揭开了维多利亚州的“恐龙化石热潮”的帷幕！现如今，在维多利亚州已经发现了数千块恐龙骨骼化石。

进化论中缺失的一环

印石板始祖鸟

我们花园里的鸟类，包括那些可爱的小麻雀，都是从恐龙进化而来的！印石板始祖鸟是已知最早的鸟类之一，科学家们称之为“缺失的一环”——由一只会滑翔的恐龙到可以飞翔的鸟的过渡环节。始祖鸟把它的祖先（恐龙）和后代（鸟类）联系起来。

名字有什么含义？

在希腊语中，始祖鸟的意思是“古老的翅膀”。

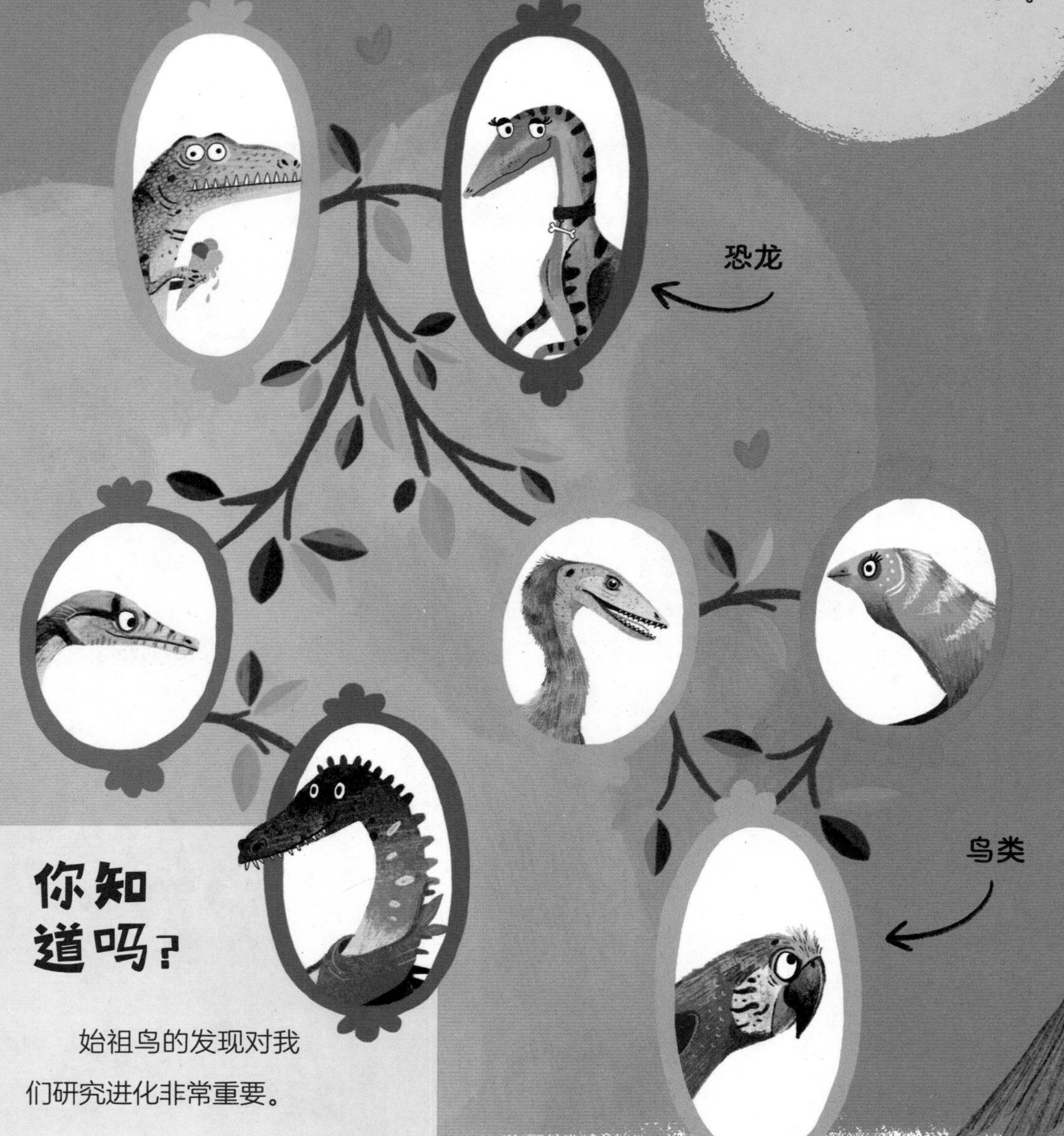

你知道吗？

始祖鸟的发现对我们研究进化非常重要。

最早会飞的鸟

虽然印石板始祖鸟的骨架看起来像一种小恐龙，而且嘴巴里满是锋利的牙齿，但是它与鸟类有许多相似之处。它有个叉骨，或者叫 Y 形骨——我们吃烧鸡时都能认出来！科学家们在鸟锁骨之间发现了叉骨。叉骨有助于鸟类飞行。身上可能长着绚丽多彩的长羽毛的印石板始祖鸟，是我们所知的最早飞上天空的原始鸟类之一。科学家们发现了 1.53 亿年前与乌鸦差不多大的印石板始祖鸟化石，而发现的地点就位于现在的欧洲。

黑白相间的羽毛

令人惊讶的是，科学家们已经确认了始祖鸟的羽毛颜色。通过一台超级显微镜，科学家看清了这种动物细胞内有种微小的控制颜色的细胞器。细胞器的形状决定了这些动物的颜色。科学家们发现，始祖鸟可能全身长满了光滑的黑色羽毛，其中夹杂着少量白色羽毛，也许跟现代的喜鹊很像。

恐龙界的“蝙蝠侠”！

长臂浑元龙

有些恐龙像鸟类一样长着羽状翅膀，但是，你知道有些恐龙还长着像蝙蝠一样的膜质翅膀吗？长臂浑元龙确实是一种长相奇特的恐龙，它从头到尾巴尖约 32 厘米长，体重约 300 克。浑元龙名字有“混合”之意，因为它既有恐龙的身体，又有翼龙和蝙蝠的翼膜，就好像多种生物的混合体。虽然它的身体上覆盖着浓密的羽毛，但是它的翅膀是透明的，就像蝙蝠一样。而且，长臂浑元龙的小脚像松鼠的脚一样灵巧，天生就能稳居树枝上。

最喜欢吃的食物

多亏了长臂浑元龙的胃容物被保存了下来，科学家们才知道它喜欢吃什么食物。科学家们发现，在它的肚子里，不仅有骨头碎片，也有不少胃石，这种胃石从现代植食鸟类身上也能发现。因此推测，长臂浑元龙很可能是一种杂食动物。

多么伟大的发现！

想象一下，你在乡下的农场辛勤劳作期间，偶然发现了一块 1.63 亿年前的化石，那会是什么感觉！在中国东北地区，有一位农民就有这样的好运气，他发现了一块化石，而这块化石竟然是历史记录中的最早的长臂浑元龙化石，这个发现轰动了整个科学界。

空中飞行的进化

此前科学家们非常好奇，恐龙为何一下子就学会了飞行，而这些会飞的恐龙最终还进化成了鸟类，直到发现这只长相奇特的恐龙“蝙蝠侠”才真相大白。但是像长臂浑元龙这样长得像蝙蝠的恐龙并没有进化成鸟类，而是最终都灭绝了，这就是所谓的“进化到了死胡同”。因此恐龙有了空中飞行的能力至少经历了两个进化方向：第一个，进化成长臂浑元龙；第二个，最终进化成鸟类。

有时，某些动物之间毫无亲缘关系，却也会进化出相似的特征，就像两种会飞的恐龙那样。这就是所谓的“趋同进化”——动物适应了同一环境中相似的生活方式，整体或部分形态结构向着同一方向改变。

梁龙

大约 1.5 亿年前，这种体形巨大的恐龙缓慢地行走在现在的北美大陆上。梁龙体长 26 米，重达 20 吨，是一头成年非洲象的 4 倍重。它也是最著名的长颈龙之一，经常在世界各地的博物馆展出。大多数梁龙的脖子和尾巴都超级长。科学家认为，梁龙下身的尾巴很长，就是为了与上身的长脖子保持平衡。

有趣的事实

在过去，科学家们都认为梁龙在走路时总拖着尾巴，就像一只无精打采的丧家犬！但是，梁龙很有可能把尾巴高高翘起，跟它的长脖子保持平衡。

完美的姿势

多年来，科学家们一直在争论一个问题：梁龙是怎样伸脖子的？是向上伸的，水平方向伸的，还是向下伸的？我们现在知道，梁龙的脖子很可能呈 45 度仰角——介于水平和垂直之间。梁龙借助它的长脖子来吃植物：将两条后腿和尾巴作为三脚架稳固庞大的身躯，然后再高高地伸起脖子去够树上的美食。此时的梁龙有可能整个身躯向后倾斜着，前腿翘在空中，就像一条在乞求食物的狗一样！

45 度仰角

两个大脑更好用

相对于庞大的躯体而言，梁龙的头和大脑就小得多了。信不信由你，梁龙的骨盆里还藏着第二个“大脑”——一个巨大的神经球。如果有东西咬了梁龙的尾巴，那这个巨大的神经球就可以将信息快速地传导到头上的大脑，梁龙就会感知到。

音爆

当物体的运行速度超过声速——每秒 343 米时，就会发生音爆，这个速度确实很快！我们见过放牛娃把鞭子在空中猛抽一下后，会发出“啪”的一声，吓人一大跳，就是这个道理。一些科学家认为，梁龙也许天生就能快速甩动尾巴，产生音爆，防御天敌！为了弄清楚它的尾巴是否真能甩动得这么快，科学家制作了一个只有真尾巴四分之一大小的模型用于实验。多酷啊！设计和制造这条尾巴花了将近一年的时间。这条金属尾巴由 82 块“骨头”组成，重达 20 千克。科学家增加了重量，使骨头上的肌肉和皮肤更真实。这条尾巴固定在一个三脚架上，由实验人员亲手甩动。科学家拍摄到了尾巴甩动和突破音障（当物体速度接近声速时，对物体提升速度造成障碍的现象。）的过程。但有人认为，这个尾巴模型还远达不到真尾巴的标准，而且借用人手来操作不可行，最好能还原出真实的恐龙臀部，利用臀部肌肉来控制尾巴。虽然实验很难，但科学家也一直在改进实验方法。那么，为了弄清楚化石里的生物当初的生活原貌，我们还能想出什么可行的实验来呢？

最古老的开花植物

蒙特塞克藻

最古老的开花植物是一种小型植物，叫作蒙特塞克藻，它的花与现代的任何花都不一样。虽然，发现这种开花植物的化石是一个重要的里程碑，但你可能会觉得这种植物长得平平无奇！蒙特塞克藻在水中生存，它的花不像今天的花，既没有花瓣，也没有花蜜，不过却能长出果实，果实里含有非常小的种子。科学家认为，这种植物看起来有点像我们常在水族馆中见到的金鱼藻。

尽管科学家们认为蒙特塞克藻最早出现在 2.5 亿—1.4 亿年前，但直到约 1.3 亿年前，这种最早的开花植物才作为化石保存了下来，它也是现代开花植物的近亲。

一个没有花的世界

我们想象一下，一个没有花儿飘香、没有花儿可欣赏的世界究竟是什么样子的呢？在过去的数亿年里，全世界的森林里到处都长满了不开花的植物，比如蕨类植物和松柏类植物（有球果，叶子又细又尖）。

进化的奥秘

树状蕊南京花是一种远古花朵，中央是一个树状花柱，长着勺形叶子，存活在 1.74 亿年前的中国土地上。科学家们不确定树状蕊南京花是否与今天存活的开花植物有关，或者是否“进化到了死胡同”——与现代的开花植物没有亲缘关系。

花的力量

没过多久，开花植物就取代了它们的“表亲”——裸子植物。开花植物又叫被子植物，与裸子植物同属于种子植物。如今，每 10 种植物中就有 8 种是开花植物。开花植物能够适应不同的栖息地生存。开花植物通常比裸子植物繁殖得快得多，因为开花植物可以产生更多的种子，而且这些种子还可以传播到很远的地方去。许多植物都靠种子繁殖后代。种子富含营养，有助于胚的发育，并能在条件合适时发芽，长成幼苗。通常情况下，种子都很小，因此它们能够很容易地传播到新的地方，最终成长为成体植株。

种子可以通过自然风力传播，或者借助动物实现传播！

漂亮时髦的棘刺

阿马加龙

阿马加龙看起来有些朋克摇滚乐队的风范，因为这种恐龙脖子后面长着两列类似莫西干发型的棘刺，这些棘刺一根根都笔直向上。或许，这些棘刺与我们的头发或指甲成分有些相似吧。但是，我们至今还不能确定，这些棘刺到底用来干什么。也许是用来防御天敌，也许是为了求偶，还可能是一种散热器官。

恐龙家族的小块头

阿马加龙是一种蜥脚类恐龙，与巨大的巴塔哥泰坦龙有亲缘关系，只不过阿马加龙体长只有 10 米，高 2.5 米。尽管阿马加龙和犀牛一样重，但在恐龙家族中，它的体形却是相当小的。大约 1.3 亿年前，在现今南美洲的阿根廷境内，这种长着棘刺的家伙正在寻找植物充饥呢。

大腹便便的剪刀手恐龙

龟形镰刀龙

龟形镰刀龙生活在大约1.2亿年前，它高达5米，这比3个成年人一起“叠罗汉”的高度还要高！它也很重——大约和霸王龙一样重。龟形镰刀龙的臀部宽大，肚腩巨大，最有名的是它长达1米的爪子，它是动物王国中十足的“爪王”。

“爪王”是植食动物

这些爪子看起来能一招致命，请相信我，我可不想找它的麻烦。但是，龟形镰刀龙不是食肉动物，从它的小脑袋和小牙齿来判断，科学家们认为它喜欢吃植物。

为什么会有这么大的爪子？

如果龟形镰刀龙是植食动物，那它为什么需要如此致命的爪子呢？答案可能是：保护自己不受所有食肉恐龙的侵扰！这种镰刀龙看起来很强壮，如果有谁胆敢冒犯，它就会用镰刀一样的爪子进行防御。另外，它还可以用爪子采树叶吃。

似提姆龙

赫氏似提姆龙

赫氏似提姆龙有什么神奇的地方？嗯……这种恐龙有一个很特别的地方——它是以我的名字（Tim，蒂姆，也译作提姆）命名的！这个小家伙的腿骨是在澳大利亚维多利亚海岸的恐龙湾发现的。它大概生活在1.06亿年前。你一看体形就知道，它的腿又细又长，它不是矮胖的恐龙，而更像鸵鸟，成年赫氏似提姆龙的体长可达2.5米。

太酷了！

科学家发现，根据赫氏似提姆龙的腿骨生长模式可知，这种恐龙可能在冬天冬眠，就像熊在冬天会冬眠一样。

你知道吗？

1993年，一位艺术家在澳大利亚发行的邮票票面上，再现了赫氏似提姆龙的形象！

弗兰纳里探秘志

我自己的霸王龙

汤姆·里奇博士和他的同事用了我的名字给赫氏似提姆龙命名，我深感荣幸。汤姆说，他这么做是因为我在发现维多利亚州的恐龙过程中，起到了非常重要的作用。赫氏似提姆龙的腿骨化石是在澳大利亚唯一的“恐龙矿”（现已关闭，位于维多利亚州奥特韦海岸的恐龙湾）中发掘出来的。科学家都认为它是似鸟龙恐龙家族的一员，之所以称其为似鸟龙，这是因为它没有牙齿，看起来有点像鸵鸟。但几年前，研究人员进行了更仔细的观察后，确定这块骨头是澳大利亚唯一的霸王龙家族成员的遗骸！我听到这个消息时感到非常惊讶！以我的名字命名的恐龙跟大块头的霸王龙是同类，而不仅是没有牙的似鸟龙。

赫氏似提姆龙跟可怕的霸王龙是近亲，但赫氏似提姆龙并没有霸王龙那么可怕，饮食很可能比较多样，植物、蛋卵和小型动物它都吃。

四翼恐龙

杨氏长羽盗龙

杨氏长羽盗龙全身长着又长又绚丽的羽毛，尾羽超长，大约有一个成年人的脚那么长。就连腿上都长着羽毛，这样它就有了 4 个“翅膀”。它体长可达 1.3 米，体形大概像火鸡。它最早在中国被发现。杨氏长羽盗龙生活在大约 1.25 亿年前，是迄今为止发现的最大的四翼恐龙。

惊呆了！

凶猛的食肉动物

杨氏长羽盗龙是一种异常凶猛的掠食性食肉动物。它很可能是用长长的利爪将猎物抓死。

名字有什么含义？

在汉语里，“长羽”的意思就是“长长的羽毛”。

杨氏长羽盗龙真的会飞吗？

知道杨氏长羽盗龙有这么多羽毛，那你再问出这样的问题，似乎就很愚蠢了。但是，羽毛还可以帮助杨氏长羽盗龙完成一些与飞行无关的活动。例如，羽毛可以辅助它从高处滑翔下来，助它摆脱天敌的威胁，甚至可以吸引配偶——这就好比孔雀开屏那样。科学家们已经发现了一些线索，比如骨头的形状和重量，表明杨氏长羽盗龙确实可以飞上天空。这说明杨氏长羽盗龙是迄今为止发现的最大的会飞的恐龙。科学家们还认为，杨氏长羽盗龙可以用它超长的尾羽掌控飞行方向，安全着陆。试想一下，假如你与杨氏长羽盗龙一般大，没有像它那样的尾羽，紧急着陆的后果会是什么！

弗兰纳里探秘志

神秘的羽毛

在墨尔本以东约2小时车程的高速公路上，有一条路堑（在高地上挖的低于原地面的路基），那里的沉积物是由约1.2亿年前的一个古老湖泊形成的。这个地方叫作昆瓦拉遗址。昆瓦拉遗址中化石保存得极其完好，蔚为壮观，甚至连昆虫的幼虫的细节都能看到。可能是因为湖底缺乏氧气，所以任何沉到湖底的东西都没有腐烂。从昆瓦拉遗址出土了10根羽毛，经科学家鉴定，其中一些是鸟类的，另一些是恐龙的。我和其他的博物馆志愿者一起在昆瓦拉遗址考察，一直希望能找到一根羽毛。但是，到目前为止，我只找到了一些美丽的蕨类化石、昆虫化石和鱼类化石。

一种可怕的蛇颈龙

克柔龙

如果你在 1.2 亿年前的伊罗曼加海游泳，也就是现在的澳大利亚内陆，最不用害怕的可能就是鳄鱼，而要当心的是克柔龙，有可能就有一只潜伏在你的身下！克柔龙脖子很短，长有四个鳍状肢，是一种海洋爬行动物，属于蛇颈龙目的上龙类。它身长可达 11 米，仅头骨就有 2 米长。它的下颌长满了巨大的圆锥形牙齿，有些牙齿长达 30 厘米。它的牙齿坚硬无比，咬合力很强，大概是咸水鳄的两倍，就连最坚硬的菊石（见第 126～127 页）壳也能咬个稀巴烂。克柔龙是一种可怕的掠食者，可能以海龟等其他海洋爬行动物、菊石为食，可能还吃大王乌贼。

克柔龙长着巨大的鱼鳍状前肢，在海里如履平地，能以极快的速度前进。

内海是如何变成内陆的？

地球上陆地的地貌取决于气候的变化。几十亿年以来，地球经历了无数冷暖交替的时期。当地球变暖时，北极和南极的冰就会融化，导致全球海平面上升。当海平面上升时，大陆的陆地面积就会减少，继而形成像伊罗曼加海这样的内海。当气候变冷时，两极就会形成大量的冰，导致海平面下降。这就是内海会变成内陆的原因！

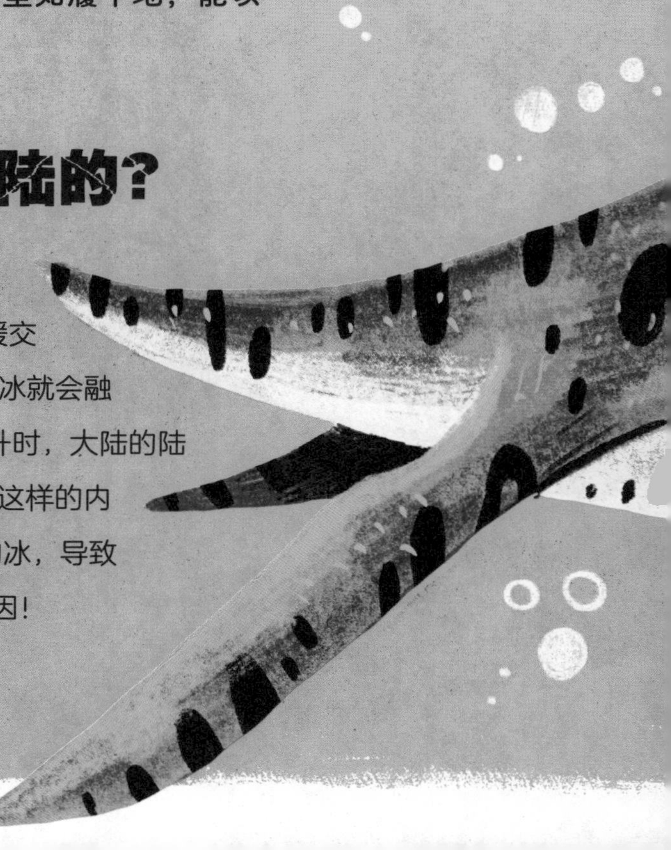

弗兰纳里探秘志

挖出克柔龙的人

有一天，我正在维多利亚博物馆做志愿者，汤姆·里奇博士把我引荐给了一位专家，那是一位高个子的美国科学家。“嗨，我是吉姆·詹森”，他说。听了他的大名我不由得生出敬畏之情，因为我在《国家地理》杂志上读到过关于“吉姆恐龙”的文章。正是这位吉姆·詹森发现了历史记录中最大的恐龙化石。吃早饭时，吉姆给我讲了20世纪30年代他在昆士兰挖出克柔龙化石的故事。当时，吉姆在哈佛大学自然历史博物馆工作，还是一名年轻的标本制作员。他们需要把这具克柔龙骨架从地下挖出来，运到最近的火车站，再装上开往美国的轮船，这可是一项艰巨的工作。那时，他们能找到的唯一可以包裹化石的材料就是羊屁股周围的毛，于是他们就到当地的剪羊毛棚里亲自动手。就在那具骨架化石进入波士顿港口时，海关工作人员把它拒之门外，因为羊毛上沾了太多的羊粪，味道太难闻了！但经过周旋，吉姆还是说服了工作人员，最终把化石带了进来。就这样，这副克柔龙骨架化石进入了美国哈佛大学自然历史博物馆的展览馆，至今仍是那家博物馆的镇馆之宝。

在哪里可以看到克柔龙？

在澳大利亚昆士兰热带博物馆里，有一个等比例的克柔龙复原模型。 在美国马萨诸塞州的哈佛大学，也曾展出了克柔龙的骨架。

一种很罕见的两栖动物

克氏科尔鳄

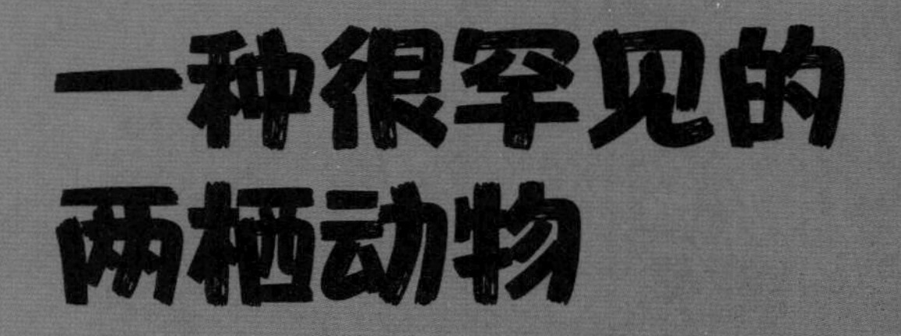

我们可能更熟悉像青蛙和蝾螈等两栖动物，但这家伙可不是青蛙。大约生活在 1.2 亿年前的克氏科尔鳄并不是常见的两栖动物。它体形巨大，有差不多 5 米长，和北极熊一样重。它的头最宽，嘴巴大得可以吞下一整只小型恐龙！克氏科尔鳄是一种埋伏型掠食者，就像鳄鱼一样，躲在水里，静候倒霉蛋自动送上门。它喜欢凉爽的温度，尤其在冰冷的溪流中感觉最自在。目前已经发现的大部分克氏科尔鳄化石都是颌骨化石。

当心！

这种远古两栖动物，体形硕大，堪称水中杀手！

克氏科尔鳄的属名 *Koolasuchus* 意思是“科尔的鳄鱼”，以古生物学家莱斯利·科尔的名字命名。别急，也许有一天，你也会发现一种新的生物化石！

弗兰纳里探秘志

GOK 的故事

20 世纪 80 年代初，我决定去探索维多利亚海岸，到那个人迹罕至的地区，寻找更多的恐龙骨骼化石。我从古老的岩洞爬下去，再穿过洞穴。那个洞穴很可怕，海浪经常冲刷着岩石，我希望能在那里找到化石。幸亏我提早找到一块骨骼化石，否则再晚一点，上涨的潮水就会把我淹没。这个化石和我的前臂差不多长，上面还布满了奇怪的皱纹。当我把它拿给汤姆·里奇博士看时，他说："这是一个GOK。""是个GOK？"我问。"是的，"他回答，"天知道它是什么！（God Only Knows）"多年来，这块骨头一直是个谜。但是，我越来越觉得它可能是一种已经灭绝的巨型两栖动物的骨骼，属于迷齿类动物。可问题是，人们认为它们在 GOK 出现数百万年前就已经灭绝了。我们唯一能做的就是通过观察化石附近岩石中保存的花粉颗粒化石，来确定 GOK 生存的年代。后来，我把那块化石拿给一位研究迷齿动物的专家看时，她竟然对我的识别水平嗤之以鼻。17 年后，有人发现了一个更完整的化石标本，科学家这才确定 GOK 就是克氏科尔鳄。它是迷齿类两栖动物整个家族中最后的幸存者，比它的亲戚至少多活了 1500 万年！我从中吸取了一个教训，即使别人认为我错了，我也要相信自己。

蒂姆的宝藏！

你相信吗？是我最早发现了历史记录中第一块克氏科尔鳄的化石，是我在澳大利亚维多利亚州的一次化石寻猎之旅中发现的。在克氏科尔鳄生活的时期，维多利亚州离现在的南极不远。幸运的是，维多利亚州现在暖和多了，冰冷的溪水也不复存在，这种可怕的两栖动物已成为历史！

像瞪羚一样可爱的恐龙

合作雷利诺龙

如果我们回到 1.1 亿年前，可能会遇到一群植食恐龙，而不是一群在大草原上奔跑的瞪羚！合作雷利诺龙就是这样一种小型恐龙，体长只有 90 厘米，用两条腿走路。

你知道吗？

用双腿行动的动物就是两足动物。

快速成长

通过研究合作雷利诺龙骨骼化石的结构，科学家们可以知道这种小恐龙是如何成长的。合作雷利诺龙在生命最初的前 3 年经历了一个快速成长时期，成年后它成长的速度就放慢了。

生活在黑暗中

合作雷利诺龙化石是在澳大利亚维多利亚州一个叫作恐龙湾的地方出土的。地质学告诉我们，远古的地球与今天的地球大不一样，它在数亿年里发生了翻天覆地的变化。世界上的大陆或陆块并不是永远固定在一个位置，而是在地球表面缓慢地移动。大陆一直随着构造板块移动，直至今天仍在移动。澳大利亚所在的印澳板块平均每年向北移动 7 厘米。尽管这个运动非常缓慢，但却会引起地震和某些类型的火山喷发！而在合作雷利诺龙生活的那个时代，维多利亚州就在南极附近，地球也比现在要暖和得多，南极没有结冰。但是一年中有好几个月南极附近根本见不到阳光。我们想象一下，一连几周都在漆黑的环境中生活，那会是什么样子呢？因此一些科学家认为合作雷利诺龙的眼球可能会特别大，这样在黑暗中能看得更清楚。

天哪，你的尾巴好长啊！

雷利诺龙的尾巴非常长。相对于自身的体形而言，雷利诺龙在同类中当数尾巴最长的恐龙之一，它的尾巴几乎是身体其他部分长度的 3 倍，而且还可能相当灵活。

毛茸茸的暖意

一些科学家认为，合作雷利诺龙全身长满了细毛。到了冬天，它可能把毛茸茸的尾巴裹在自己身上保暖御寒。

一个巨大的菠萝，还是一只全副武装的恐龙？

马氏北方盾龙

人们很容易将这家伙误以为是一个5.5米长的大菠萝！马氏北方盾龙实际上是一种有“盔甲”的恐龙，生活在约1.1亿年前，大小和犀牛差不多。它身上长满了刺，从头部一直延伸到尾部。马氏北方盾龙一直生活在陆地上，但幸好至少有一只在死后被冲进了大海，1300千克重的尸体最终沉到海底，永远保存在了海底。相比陆生动物而言，在海洋中栖息的动物更有可能保存为化石。

名字有什么含义？

马氏北方盾龙中的马氏指的是马克·米切尔，他是加拿大艾伯塔省皇家蒂勒尔博物馆的技术人员。他花了6年时间才把这具北方盾龙骨骼化石从周围的岩石层中取出来。这是一项非常精细的工作。据估计，马克·米切尔足足花了7000小时，才做好马氏北方盾龙骨骼化石的修复工作。

用来防御的盔甲

马氏北方盾龙化石真可谓保存得完好无损。因此，科学家才有机会弄清楚马氏北方盾龙的盔甲颜色。它的皮肤是红褐色的，盔甲上有一种特殊的图案。许多现代动物会用某种特定的图案来伪装自己，马氏北方盾龙一定也是用这种伪装来躲避天敌的。如果隐藏起来仍有可能被发现，那么马氏北方盾龙的盔甲刺也许就会派上用场，可能吓跑天敌，也是在警告它们：想在我这里捞一顿免费午餐？没门！

哟！
真神奇啊！

化石的挖掘工作进行起来非常困难。科学家们必须使用特殊的工具，才能将化石从周围的岩石中挖掘出来。而且，科学家们必须非常小心，每次只能围绕一块化石展开工作。通常情况下，必须借助先进的设备来扫描化石。只有这样，科学家们才能知道化石的具体位置和基本形态。有时候，科学家们会使用一种特殊的胶水来确保化石的完整。挖掘工作一旦完成，科学家们就可以准备向外界展示化石，或者妥善做好博物馆收藏和保管工作。

睡美人

2011 年，在加拿大中部，有一名辛勤工作的矿工偶然发现了一块前所未见的化石。大多数的动物化石在自然保存过程中都难免被压扁或压碎。岩石在形成之后的亿万年里，它的位置可能会发生多次变化，同样也会被侵蚀、加热或在巨大压力下被压扁。化石同样也会经历这一切！在某些情况下，化石在发掘过程中也有可能遭到意外破坏。但是，令人难以置信的是，这块马氏北方盾龙化石就像一具“恐龙木乃伊”，竟然保存得非常精致——一些令人难以置信的细节都被保存下来了，看起来就像是刚睡着一样！我们甚至还可以看到这只恐龙的胃容物，从而推断出它的最后一顿大餐吃了什么。原来这只马氏北方盾龙喜欢吃蕨类植物。

最大的陆生动物

巴塔哥巨龙

2014 年，科学家发现了个庞然大物——巴塔哥巨龙（又叫巴塔哥泰坦龙）。它是曾经行走在地球上的最大的陆生动物。巴塔哥巨龙生活在约 1 亿年前，属于泰坦巨龙类群。泰坦巨龙用四条腿行走，脖子特别长，脖子末端长着一颗小脑袋。巴塔哥巨龙是最大的泰坦巨龙之一。巴塔哥巨龙体长 37 米——比蓝鲸还长！

名字有什么含义？

泰坦巨龙的属名 *Titanosaurus* 意为“巨大的蜥蜴”，是以古希腊神话中的泰坦巨神命名的。

一只成年巴塔哥巨龙的体重差不多等于 12 头非洲象那么重，腿骨比一个成年人的身高还要长。

1

性情温顺的巨兽

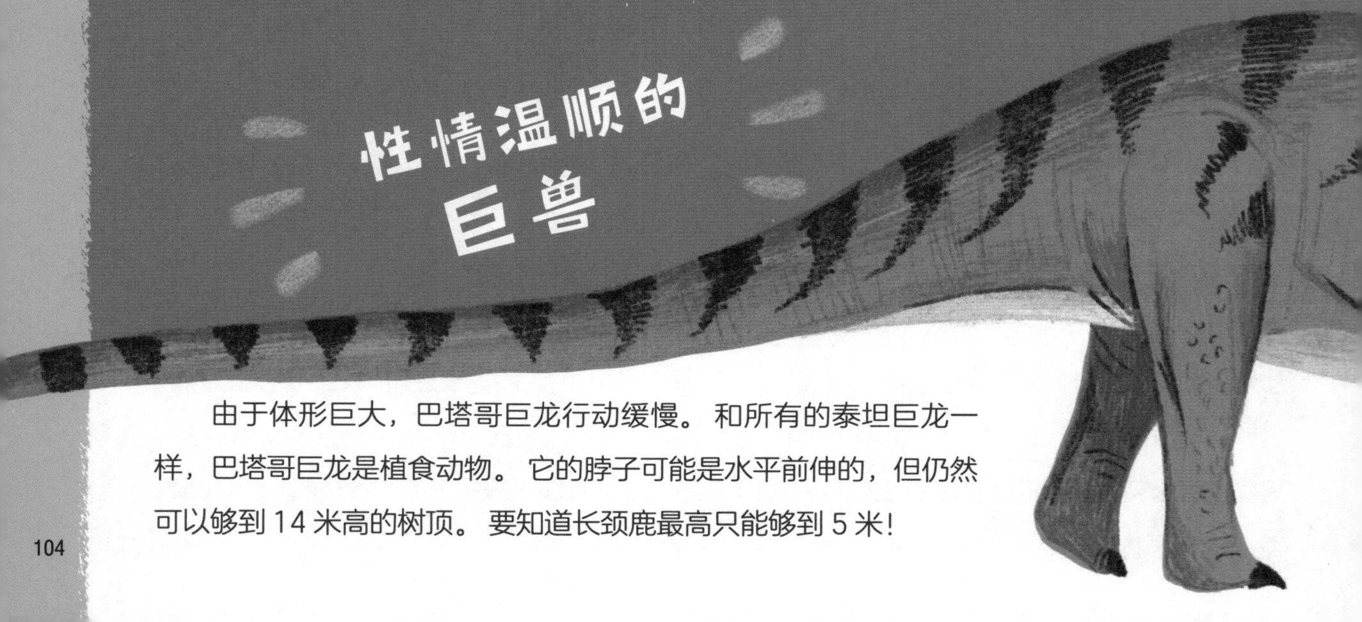

由于体形巨大，巴塔哥巨龙行动缓慢。和所有的泰坦巨龙一样，巴塔哥巨龙是植食动物。它的脖子可能是水平前伸的，但仍然可以够到 14 米高的树顶。要知道长颈鹿最高只能够到 5 米！

弗兰纳里探秘志

酒吧寻访恐龙的骨头

我和汤姆·里奇博士沿着迪亚曼蒂纳河寻找恐龙遗骸时，一群英国古生物学家也正在附近一家酒吧里寻找恐龙遗骸！他们发现，牲畜贩子和牧场主经常来这家酒吧，他们在平原上放牧时经常会发现恐龙骨头。于是，他们会捡起恐龙碎骨，带到最近的酒吧。在酒吧里，恐龙碎骨要么作为古玩被收藏，要么被制成门挡。英国古生物学家从一个酒吧穿梭到另一个酒吧，忙得不可开交。他们发现的恐龙骨头比我和汤姆发现的要多得多！酒吧老板们也很乐意把自己的“门挡”拿出来，给来访的科学家们鉴赏。

耐心大考验

巴塔哥巨龙化石的挖掘工作极其复杂，需要加倍小心。巴塔哥巨龙的化石超级大，难以完整地挖掘出来，科学家们只好一小块一小块地取出来，花了一年多的时间才挖出整块化石。有时候，科学家们会在非常偏远的地方发现化石。在挖掘期间，一队科学家会连续露营数周。挖掘工作结束了，而古生物学家的工作仅仅开了个头。挖出化石后，通常化石上还裹着或大或小的岩石。然后，科学家们就把化石送到实验室，做进一步的修复处理工作。有时这样的修复工作可能需要花上几年时间才能完成！

奇异的鱼蜥蜴

鱼龙

鱼龙学名的意思是“鱼蜥蜴”，是一种海洋爬行动物，生活在 2.5 亿—9500 万年前的海洋中。大多数鱼龙身体是流线型的，都长着长而尖的吻、锋利的牙齿、两只大眼睛、4 只用来游泳的鳍状肢和一条强有力的大尾巴。鱼龙是一个非常多样化的群体。一些鱼龙生活在广阔的海洋里，另一些鱼龙喜欢栖息在海岸边的浅滩。鱼龙的大小不一：小的像金枪鱼，大的像虎鲸！萨斯特鱼龙是最大的鱼龙之一，身长可能达到 26 米。它曾一度是海洋中发现的最大的掠食者。

游泳进化

最早的鱼龙脊椎更加灵活，像鳗鱼一样移动自如。后来鱼龙进化出了更结实的脊骨，游泳方式就更像现代的金枪鱼了，也比它的祖先游得快多了。

靠鲸脂保暖、浮游

虽然鱼龙的身体像海豚的一样光滑，但是鱼龙绝对不是海豚。然而，一具保存非常完好的鱼龙化石显示，鱼龙和海豚确实有一些相似之处。这个皮肤保存完好的化石表明，鱼龙不像陆生爬行动物那样，它没有鳞片，却有一层薄薄的鲸脂，可以保持体温，更重要的是能让鱼龙漂浮在水中，任意遨游！

鲸脂是在海豚、海豹和鲸等海洋哺乳动物体内发现的一种脂肪。

像足球大的眼睛

有些鱼龙能潜到很深的地方，它有一双大眼睛，可以在黑暗的深海中看得很清楚。大眼鱼龙的体长约为 4 米，眼睛约有 23 厘米宽，和足球一样大！它是生命史上眼睛最大的生物之一。

弗兰纳里探秘志

花钱买鱼龙化石

一天，我正坐在南澳大利亚博物馆的办公室里，两个满身灰尘的矿工带着一个箱子走了进来，手里拿着东西。矿工解释说他们拿的是欧泊，箱子里面是一块完全欧泊化的鱼龙骨架化石！打开箱子后，我看到只有鱼龙的吻尖和尾巴尖从那块巨大的化石中露出来。

矿工们说，他们想把这块化石以 25 万美元的价格卖给博物馆！确实是一大笔钱，而且我不能肯定这是不是一具完整的骨架，但最终我还是同意成交。当我把支票递给矿工们时，他们有点不乐意，并解释说想要 100 美元的旧钞票。我认为矿工们不习惯交税，想马上把钱花出去，但最终矿工们还是接受了支票。

当博物馆的工作人员开始清理骨骼时，我们发现这块化石只有一半的骨头，但仍然是一个极其难得的标本，欧泊在骨头中闪闪发光。如今这个贵重的化石就收藏在南澳大利亚博物馆的欧泊化石展厅里。

早期像海龟一样的鱼龙

柔腕短吻龙差不多和鳟鱼一样大，但它的鳍状肢又大又宽。科学家们认为它生活在海底，可能像海龟一样，是用这些鳍状肢把自己拖上岸的。

鱼龙的嘴很大！

约2.4亿年前，一条鱼龙囫囵吞下了一个嚼不动的东西。由于眼睛比胃大，鱼龙决定吃一顿和自己身材差不多的美餐！在咬掉猎物的头和尾巴后，鱼龙把猎物整个吞了下去。

贪婪的鱼龙一口吞掉一个超大的块头，结果在吞咽过程中弄伤了自己的食道，而且伤得很重。最后，大家都明白，这个可怜的家伙一定是窒息而死的。

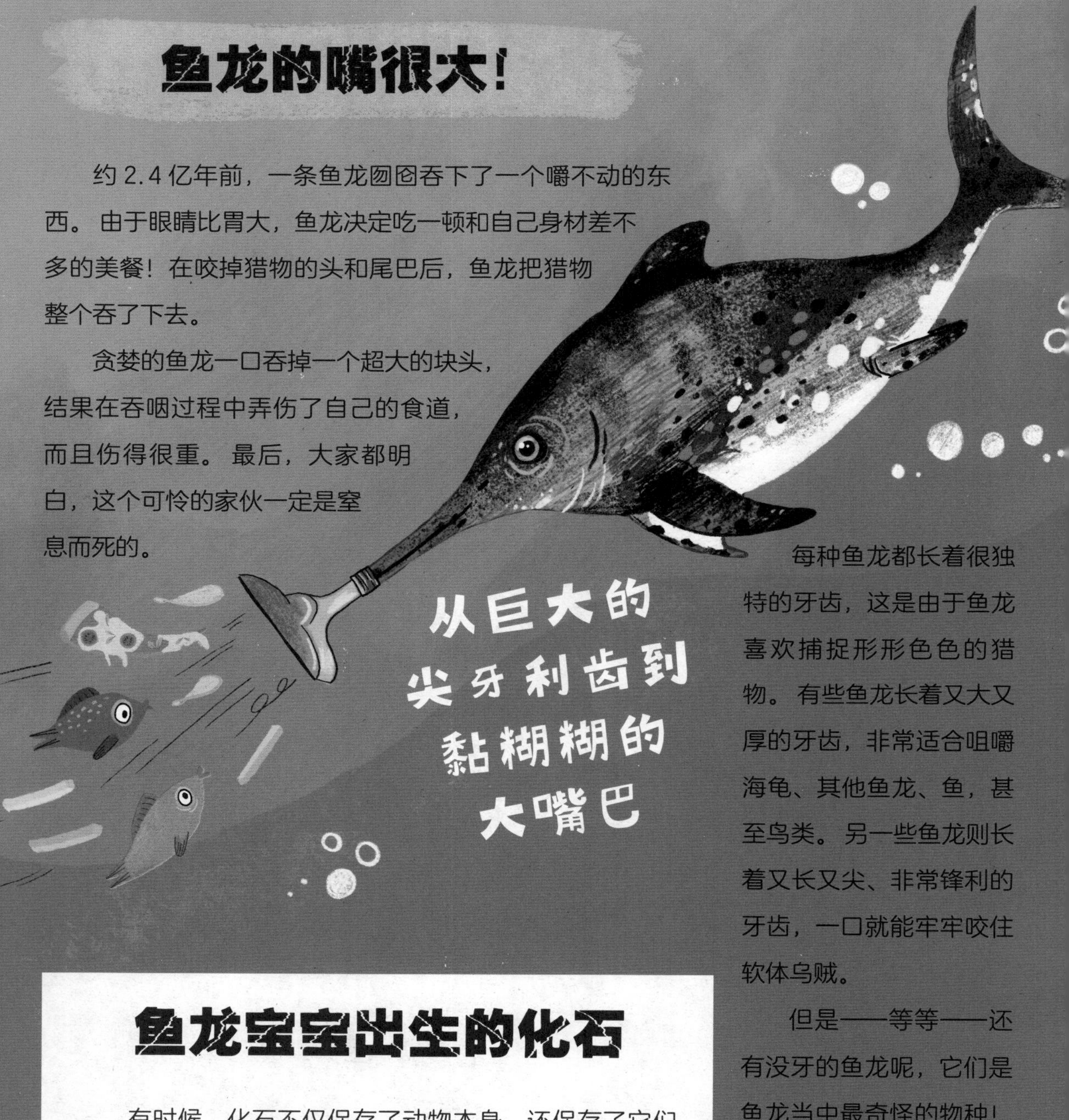

从巨大的尖牙利齿到黏糊糊的大嘴巴

每种鱼龙都长着很独特的牙齿，这是由于鱼龙喜欢捕捉形形色色的猎物。有些鱼龙长着又大又厚的牙齿，非常适合咀嚼海龟、其他鱼龙、鱼，甚至鸟类。另一些鱼龙则长着又长又尖、非常锋利的牙齿，一口就能牢牢咬住软体乌贼。

但是——等等——还有没牙的鱼龙呢，它们是鱼龙当中最奇怪的物种！这些没有牙齿的鱼龙可能用它们黏糊糊的嘴，吸走美味的猎物！就像吸尘器一样。

聪明！

鱼龙宝宝出生的化石

有时候，化石不仅保存了动物本身，还保存了它们在某个瞬间的行为。我们发现了一只雌鱼龙正在生宝宝的化石，简直令人难以置信！

如果我们仔细观察这块化石中的雌鱼龙，可以看到一个小鱼龙宝宝探出头来。由于在水中出生时宝宝头先出来很危险，一些科学家认为这条鱼龙可能是在陆地上生的。

捕食恐龙的鳄鱼

恐鳄

可怕的恐鳄牙齿有香蕉那么大，但这些牙齿要比香蕉坚硬得多！恐鳄生活在大约 8000 万年前的北美地区，体长超过 10 米。这种掠食者很可能潜伏在河边浑浊的水中伺机猎食。恐鳄体格庞大，甚至连最大的恐龙它也敢上前较量一番。

Deinosuchus（恐鳄的属名）在希腊语中的意思是“可怕的鳄鱼”。

特殊的翼龙

格氏南翼龙

格氏南翼龙是一种特殊的翼龙。翼龙是会飞的爬行动物，属于恐龙的近亲。翼龙物种超过100种，大小不等，小如麻雀，大如长颈鹿，分布在全球各地。

翼龙没有羽毛，它们的翅膀是由皮肤和肌肉组成的。

长满了牙齿，奇怪！

名字有什么含义？

翼龙目的学名Pterosauria在希腊语中的意思是“有翅膀的蜥蜴”！

会飞的滤食动物

格氏南翼龙翼展约2.5米，但它的特别之处并不在于此，而是它那只巨大的、向上弯曲的喙长得极不寻常。喙的下部看起来有点像一个勺子，里面长着约1000颗像针一样长的牙齿！不要害怕——这些牙齿不是用来刺穿肉的，而是用来滤食小动物的。滤食是指动物通过牙齿过滤掉水，以捕食小动物。它用铲子一样的喙大口吞下湖水，过滤出晚餐。人们认为它的进食方式跟现代的火烈鸟一样。

格氏南翼龙生活在约1亿年前，翱翔于现在南美洲阿根廷境内的湖泊之上。

粉红色的翼龙？

格氏南翼龙是粉红色的吗？就像以滤食为生的火烈鸟一样？科学家认为这是可能的。人们认为火烈鸟和格氏南翼龙都吃同样五颜六色的小虾和植物，正是这些色彩丰富的食物赋予了火烈鸟美丽的粉红色。

化石很少被发现

虽然南翼龙是远古的天空主宰，但它的化石发现得并不多。它的骨骼很轻，非常脆弱，很容易坏掉。

前所未有的化石

宽娅眼齿鸟

2016 年在东南亚的缅甸，科学家们偶然发现了前所未见的宽娅眼齿鸟化石，它的发现震惊了全世界。这块宽娅眼齿鸟的头骨化石以一种非常特殊的方式保存着。大约在 9900 万年前，它被裹上了一层厚厚的树脂，被封存在了琥珀中。

简直难以置信！

名字有什么含义？

这种动物的属名 *Oculudentavis* 在拉丁语中的意思是“眼齿鸟”。

小身材，大眼睛

体形微小、有喙的宽娅眼齿鸟比现今存活的最小的鸟——蜂鸟还小。这些可爱的小生物刚好可以放在你的手掌里。它的头只有 1.4 厘米长，眼睛像蜥蜴。

宽娅眼齿鸟的薄喙上长着成排的像针一样的牙齿，大约有 100 颗，用来捕捉昆虫。热带雨林是宽娅眼齿鸟的家园。

充满谜团的生物

自从宽娅眼齿鸟被发现以来，科学家们一直在争论它在进化树中具体位于哪个位置。宽娅眼齿鸟的近亲是谁？最初科学家认为它是一种小型恐龙，是现代鸟类的远古近亲。但有些人认为宽娅眼齿鸟可能是一种长相不寻常的蜥蜴。

大洋里的顶级掠食者

霍夫曼沧龙

当霸王龙在陆地上称霸时，沧龙则是海洋之王。沧龙有长长的流线型身体和桨状的鳍状肢。沧龙是一群成功进化的爬行动物，在世界各地的水域中都能发现它，它还是游泳健将。它巨大的下颌上排列着可怕的牙齿，沧龙也因此成为当时的顶级掠食者。它以鱼、其他海洋爬行动物和一种现已灭绝的叫作菊石的生物为食。菊石可以长到 1.8 米宽，有壳，与现代的章鱼是近亲。

沧龙的下颌很灵活，可以把嘴巴张得非常大，方便把猎物整个吞下去！

你知道吗？

最早的沧龙化石比最早的恐龙化石发现得还早！1764 年，人们在一个露天采矿场首次发现霍夫曼沧龙颌骨化石，认为它可能是一条鳄鱼，甚至是一条鲸，它的发现地位于现在的西欧。

有趣的事实

沧龙的浅色腹部和深色背部有助于它在深蓝色的大海里隐藏自己。

可怕的海洋霸主

霍夫曼沧龙可以长到17米长，是当时整个海洋的独裁者。它头脑简单，四肢发达。一些化石展示了霍夫曼沧龙的下颌骨严重破碎后又愈合，也许它是在捕食时或者是在和同类打架时受伤的。

所有的沧龙都像海龟一样浮到水面呼吸。

巨蜥的祖先

沧龙和巨蜥关系亲密。巨蜥是一种生活在陆地上的大型食肉蜥蜴。

一只爪子的恐龙

临河爪龙

大约 7500 万年前，临河爪龙生活在现在的中国北部，和成年鹦鹉差不多大。科学家于 2011 年发现了这种罕见的恐龙的化石。它的每个短前肢的末端都只有一只爪子。它很可能是一种食虫动物。科学家们认为临河爪龙用它的爪子挖掘白蚁的巢穴。如今有些动物就用长爪子捕食，比如食蚁兽和穿山甲。

天啊！

名字有什么含义？

临河爪龙的种名 *monodactylus* 在希腊语中的意思是“单趾的”。

你知道吗？

食虫动物是一种以昆虫为食的动物。

我头上的角最多！

科斯莫角龙

庞然大物

身体强健的成年科斯莫角龙身长可达 4.5 米，体重能比得上河马。虽然看起来很强壮，但它们其实是植食动物。

这种恐龙生活在 7600 万年前，2 米长的头上长着 15 只角，无时不在自豪地炫耀。事实上，科斯莫角龙是头上的角长得最多的动物！它的头顶有 10 只朝前的角，眼睛上方各有一只角，脸颊两侧各有一只角，鼻尖还有一只角。它就像是恐龙中的花孔雀。科学家们认为这些角都是用来吸引异性是用来对付天敌的。

科斯莫角龙的属名 *Kosmoceratops* 在希腊语中是“装饰有角的脸面”的意思。

有名的家族

我们可能已经猜到了，科斯莫角龙所在的家族非常有名，它是三角龙的表亲。

狮鼻鳄

克氏狮鼻鳄

你可能见过狮子狗，但你见过狮鼻鳄吗？我们今天熟悉的大多数鳄鱼都长着又长又可怕的吻部，上面长满了又大又尖的牙齿。但克氏狮鼻鳄的吻部非常短，牙齿形状很奇特——每颗牙齿由许多小尖刺组成。通过研究克氏狮鼻鳄头骨的形状和有趣的牙齿，科学家认为它是植食动物。

克氏狮鼻鳄体长约75厘米，大约相当于一个1岁的小孩大小，又叫迷你鳄鱼。它还长着一条滑稽的短尾，很不适合游泳，却不妨碍在陆地上缓慢前行。

迄今为止，人们只在马达加斯加岛上发现过5块这种狮鼻鳄的化石。

狮鼻鳄生活在什么时候？

它生活在大约7000万年前。

海上的一生

纤细夜翼龙

这种会飞的爬行动物的生活在 8900 万—6600 万年前，左翼尖到右翼尖约 2 米长。通过研究纤细夜翼龙翅膀的形状，科学家们认为，它与现代信天翁一样，一生中大部分时间都在海洋上空翱翔。它用尖尖的喙捕食浅海中的鱼。

纤细夜翼龙的体重不到 2 千克，比冰箱里的一瓶 2 升的牛奶还轻。

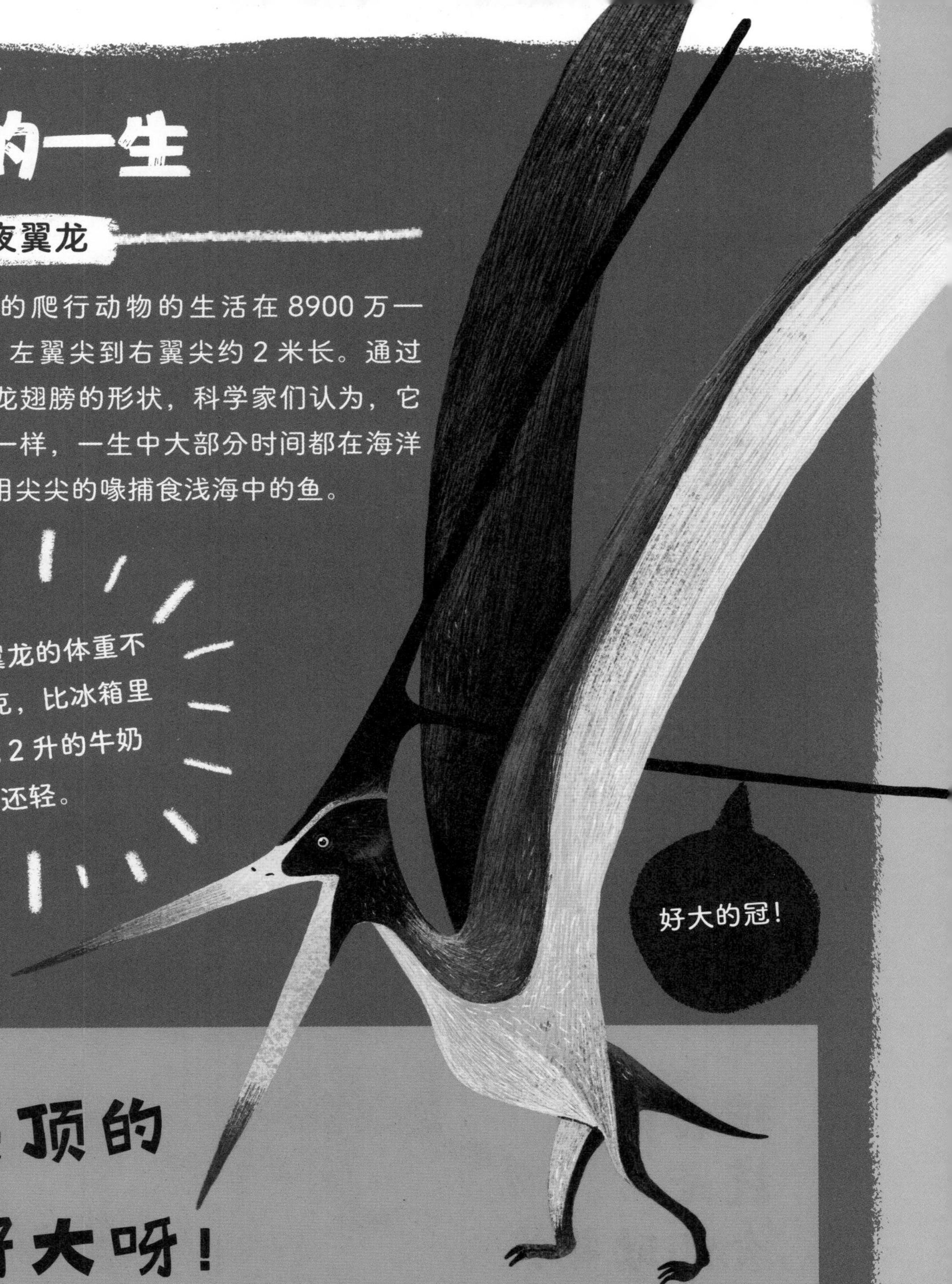

好大的冠！

你头顶的冠好大呀！

纤细夜翼龙的头顶有一个巨大的冠状物，有点像鹿角，这是它极不寻常之处。这个冠比它整个身体还要长，是它脑袋的 3 倍长！

幸运的是，这顶冠又薄又轻。夜翼龙满 1 岁后，它的冠才开始生长。科学家们至今仍在探索这个冠的用处，推测这也许只是个漂亮的头部装饰而已。

长满疙瘩的脑袋

怀俄明肿头龙

怀俄明肿头龙长得比较丑，它头上长满了许多小骨头疙瘩，头骨厚得出奇。有些头骨化石厚达 23 厘米！人类头盖骨大约只有 7 毫米厚，但怀俄明肿头龙的头盖骨厚度是我们的 30 多倍！这个 4.5 米长的家伙是两足动物，用两条腿走路。大约 7000 万年前，怀俄明肿头龙在地球上漫游。

你知道吗？

通常情况下，肿头龙头盖骨会随着时间的推移而分解，而怀俄明肿头龙超级厚的头骨是科学家唯一找到的头骨。

名字有什么含义？

肿头龙在希腊语中的意思是“头骨很厚的蜥蜴”。

植食动物还是食肉动物？

很长一段时间以来，人们都认为怀俄明肿头龙是植食动物。它嘴后部的牙齿非常适合咀嚼树叶和果实。但是它嘴里前面的牙齿很尖，而且形状有点像食肉恐龙的牙齿。也许它是杂食动物，食物来源很杂，既吃植物，也吃小动物。

为什么头骨这么厚？

有趣的事实

幼年的怀俄明肿头龙看起来与成年肿头龙完全不一样。以至于多年来，它们被认为是两种不同的动物！

有一种说法认为，怀俄明肿头龙厚厚的头骨可能是用在肉搏战时头部互相抵撞，就像现代有角动物互斗一样。我们或许见过长着巨大的角的羊互相撞击对方，那真可谓一幅壮烈的景象。科学家们认为雄性肿头龙可能会在求偶中与别的雄性发生冲突，颅骨越厚，就越不容易受伤。雌性肿头龙可能会选择头部较厚实的雄性。关于厚头骨用于与竞争者互斗的理论，一些科学家并不赞同，他们认为用力过度会折断它们的脖子。

一种斗篷怪物

恐怖哈特兹哥翼龙

恐怖哈特兹哥翼龙是一种巨大的怪物，它有长颈鹿那么高。它有一双非常怪异的翅膀，可以像斗篷一样折叠起来。它用四肢行走，靠翅膀关节支撑身体，寻找猎物。它有巨大喙的头有 3 米长，翅膀宽度超过 10 米！它的头非常大，可能是陆生动物中最大的。

如果恐怖哈特兹哥翼龙能像其他翼龙一样飞行，那么它将是历史记录中最大的飞行脊椎动物。

名字有什么含义？

恐怖哈特兹哥翼龙属于翼龙家族中的神龙翼龙科，有着非常长的脖子和大头骨。“神龙翼龙”这个名字的学名来自单词 azdar，一种在伊朗神话中类似龙的生物。

这些翅膀就像撑竿跳高中的撑竿！

恐怖哈特兹哥翼龙的足迹化石表明，它可以用四肢行走。但是，你知道如此巨大的动物是如何飞行的吗？飞行中最难的环节不是在空中滑翔，而是起飞阶段和着陆过程。科学家认为，如果这种翼龙能够飞行，那么它可能不会跳着飞起来，而是把翅膀当成撑竿跳高的撑竿，把自己发射到空中的！

绝对不可能是恐龙

科学家曾一度把恐怖哈特兹哥翼龙当作恐龙，然而它们并不是恐龙！实际上它们只是一群会飞的爬行动物，只不过与恐龙生活在同一时期罢了。

孤岛上的变异生活

随着时间的推移，孤岛上的动物们身上会发生奇怪的变化。生活节奏完全被打乱了——大型动物可能变得非常小，小动物可能变得非常大。在大约6600万年前，恐怖哈特兹哥翼龙生活在如今位于欧洲的叫作哈采格的古老岛屿上。由于与大陆隔离，哈采格岛上的恐龙变得矮小，而像恐怖哈特兹哥翼龙这样的翼龙则变成了巨大的怪物！还可以翻阅北方巨恐鸟（见第208~209页）部分看看其他的巨型岛屿生物。

真够奇怪的！

哈特兹哥翼龙位居食物链的顶端，是一种顶级掠食者。它在古老的土地上漫步，捕食身材矮小的恐龙。试想一下：一只巨大的披着斗篷的爬行动物，竟然用翅膀行走，还捕食小小的长颈龙——这该是多么奇怪的景象啊！

霸王龙

在所有曾经存在过的奇怪而奇妙的生物中，霸王龙非常著名。这种野兽令当时所有生活在美国西部的远古异兽闻风丧胆，直到6600万年前灭绝。它体长12米，高6米；两个人叠在一起也就勉强够到它的大腿！它坚固的头骨有1.2米长，上面长满坚硬而锋利的牙齿。在那个时代，这些恐怖的掠食者位于食物链的顶端。

名字有什么含义？

霸王龙又叫雷克斯暴龙。“暴龙”在希腊语中的意思是“蜥蜴暴君”。暴君是残忍的领袖。“雷克斯”在拉丁语中的意思是“国王”。

跑不动的懒“骨头”

我们可能会想象到，霸王龙能以极快的速度追捕猎物，就像今天的猎豹一样。但是如果能快步走，为什么还要跑步呢？一些科学家认为，这种可怕的怪物时速不会超过25千米。地球上跑得最快的人大约是每小时45千米，因此一名奥运会选手可能在短跑比赛中跑过霸王龙！但是没关系的，因为霸王龙实在太大了，应该会猎食其他大型恐龙，其中一些恐龙的移动速度甚至比霸王龙还要慢得多。

寿命

科学家通过研究骨骼化石估算出，霸王龙能活到28岁左右。有些骨头上有年轮，就像树木一样！

霸王龙短小的前肢似乎与它强健的腿、巨大的头骨和又长又粗的尾巴并不相称。这些迷你前肢太短了，甚至够不到它的嘴！一些科学家认为它的前肢之所以变得这么小，是因为它的头长得太大了。如果上半身太沉，胳膊和脑袋都很大，那么霸王龙可能就会不停地摔跟头！

别让霸王龙嗅到你

通过研究霸王龙的头骨形状，我们知道它的大脑中控制嗅觉的功能区特别强大。它能从远处嗅出猎物的气味。这或许会督促你让你养成每天都洗澡的习惯！

很酷的真相！

霸王龙的脑袋里有个“空调”！嗯，有点像空调。霸王龙的头骨顶部有两个大洞，一些科学家认为这些洞里充满了血管。它们感到天气太热时，就可能会通过这些血管排出体内多余的热量。包括短吻鳄在内的一些现代动物，它们的头骨也是这样的形状，可以帮助它们降温！动物维持体温的过程叫作体温调节。

最强劲的咬合力？

霸王龙可能是历史记录上陆生动物中咬合力最强的。它的咬合力和大象扑通倒下的力度差不多。它一口就能吞下约 230 千克的食物，大约相当于一整只大肥猪的重量。它的双颌非常适合咬碎骨头，我们知道这一点是因为在它的粪化石中发现了其他恐龙的碎骨头。

菊石之海

塞彭拉德蜗轴菊石

菊石在约 4 亿年前首次出现，直到 6600 万年前中生代末期，才在全球海洋中灭绝。我们知道菊石有 1 万多种。最小的直径不超过 1 厘米——约成年人指甲大小！其他的菊石，比如说塞彭拉德蜗轴菊石就大得令人瞠目结舌。菊石与鱿鱼和章鱼有亲缘关系，只不过菊石生活在螺旋形的壳中。菊石的壳有许多腔室，腔室由一层薄薄的隔膜隔开。隔膜外面的缝合线由千奇百怪的美丽图案构成，这是菊石特有的样子。它柔软的身体蜷缩在壳里面最大的一个腔室里，它那鱿鱼状的触手可能会自然垂落到水中。附近的动物可能会注意到这些触手。一旦被困在这些触手中，动物就会发现自己在菊石致命的喙状嘴面前只有死路一条！

哪里能看到塞彭拉德蜗轴菊石化石？

在德国明斯特自然历史博物馆，我们能看到世界上最大的菊石：塞彭拉德蜗轴菊石。

你知道吗?

菊石的外壳上有一个特殊部位，叫作体管，是一根中空的管子，连接着菊石壳里的腔室。菊石能够利用体管在各腔室之间注入空气或灌水，改变自身的浮力，以便潜入更深的海洋，或者洄游到海面。

真有能耐!

惊人的菊石

在菊石化石中，最大的当数塞彭拉德蜗轴菊石了。大约 8000 万年前，这种硕大的菊石在全球海洋中捕食。已发现的最大的菊石化石外壳有 1.8 米宽，整个动物重约 1500 千克。据估计这家伙能长到 3 米宽，比大卡车的轮胎还要大!

有趣的事实

虽然菊石经历了三次物种大灭绝事件，并幸存下来，但它们在中生代白垩纪末期第五次生物大灭绝中，也随着恐龙的灭绝而灭绝了。

信不信由你

科学家在缅甸的一个树琥珀中发现了一块异常罕见的 9900 万年前的菊石化石！生活在海里的菊石又怎么会出现在陆地上？而且它又是怎样进入到一棵树的树脂中终结生命的呢？科学家认为，这棵树一定离海岸很近。树上的一团树脂恰好落在了这块被海水冲到沙滩上的菊石上。就这样，这块菊石化石得以完好地保存了近 1 亿年!

固着蛤

固着蛤是双壳纲软体动物，也是现代的蛤蜊、牡蛎和贻贝的近亲，虽然与它们长得都不太像。原来这类动物有 1000 多种，都生活在温暖的热带水域。它们的长度从几厘米到近 1 米，大小不等！它们大多数有两个不对称的壳，两个壳的大小、形状都不一样。柔软的躯体就隐藏在这些壳下。外壳有的又平又薄，有的又重又长，厚厚的硬壳卷曲成鹿犄角的形状，分量极重，能使它们扛住汹涌的风暴和洋流的强烈冲击，不会被卷走或冲走。甚至在远古的海洋中，有些固着蛤还造起了“珊瑚礁”！从 1 亿年前到大约 6600 万年前，这些奇形怪状的固着蛤是生物礁和暖洋的霸主。

你也许会迫不及待地问：固着蛤到底是什么——恐怕早就有人想问了吧！

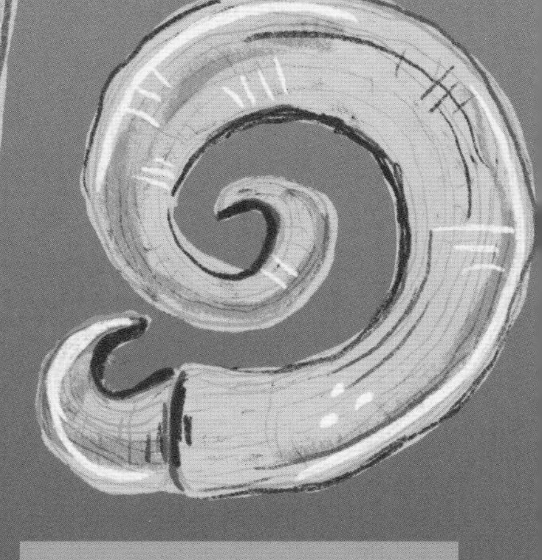

滤食动物

固着蛤类很可能是滤食性动物，依靠过滤海水来寻找微小的食物。

固着蛤礁

你有没有看过关于美丽的热带珊瑚礁的水下视频？你知道吗？组成珊瑚礁的那些珊瑚有的长长的，还带分叉；也有的短短的、圆圆的，五颜六色，非常漂亮。如果你能回到恐龙时代，在热带生物礁里潜水游玩时，你会发现根本就找不到珊瑚，你所能见到的只是一群固着蛤！在生命历史上，固着蛤是同类中唯一战胜过珊瑚的造礁生物。在这些会造礁的固着蛤身上有两种形状截然不同的外壳。较大的壳像冰激凌的锥形壳，尖端朝下，立在海底。较小的壳叠在上面，像一把小扇子。想象一下，假如所有这些冰激凌锥形壳都并排站着，依偎在一起，那会是什么情景呢？然而，在这些锥形壳的顶部并不是一大勺冰激凌，而是用来进食的小触手。

你知道吗？

如今的贝壳没有长得像固着蛤那种锥体状的。第一个发现固着蛤化石的人也不知道它们到底是什么。而科学家们首次发现这些奇特的角状化石时，还以为是老羊角呢！甚至一些不知情的农民还用这些化石在自家房子周围建造栅栏和围墙。

数量真多！

科学家把这些会造礁的固着蛤叫作“花束”，因为它们长得就像一束花一样！

极泳龙

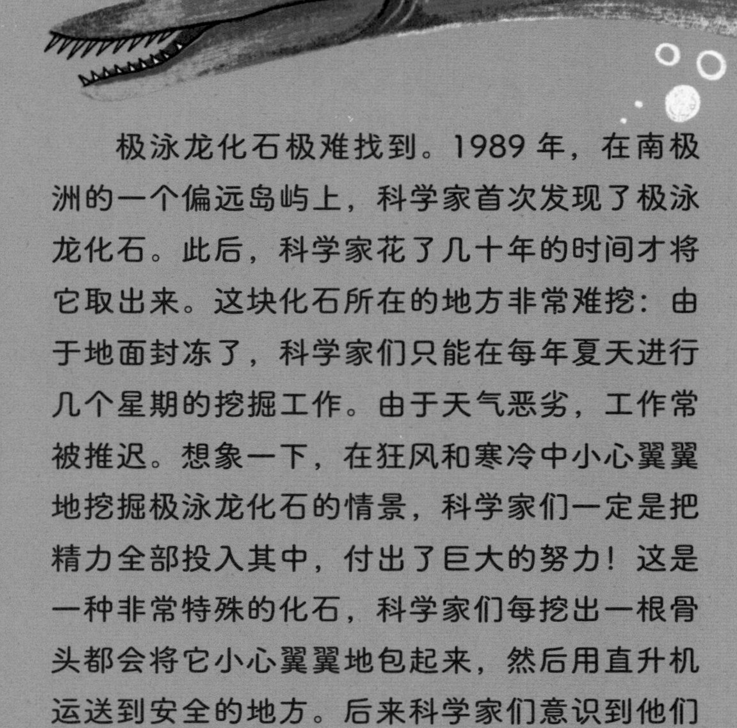

极泳龙化石极难找到。1989 年，在南极洲的一个偏远岛屿上，科学家首次发现了极泳龙化石。此后，科学家花了几十年的时间才将它取出来。这块化石所在的地方非常难挖：由于地面封冻了，科学家们只能在每年夏天进行几个星期的挖掘工作。由于天气恶劣，工作常被推迟。想象一下，在狂风和寒冷中小心翼翼地挖掘极泳龙化石的情景，科学家们一定是把精力全部投入其中，付出了巨大的努力！这是一种非常特殊的化石，科学家们每挖出一根骨头都会将它小心翼翼地包起来，然后用直升机运送到安全的地方。后来科学家们意识到他们挖掘的化石是一种全新的蛇颈龙，他们的付出总算得到了回报。就像它的表亲鱼龙一样，蛇颈龙是一类海洋爬行动物，在海里自由自在地游泳。极泳龙和当时所有的蛇颈龙一样，都在 6600 万年前和恐龙一起灭绝了。

一条超大的蛇颈龙

极泳龙的体型巨大，体重达到了约 15000 千克，这比 3 只最大的虎鲸加起来还要重。极泳龙的牙很小，很适合捕食鱼类或螃蟹。

长脖子的海洋栖居者

蛇颈龙的脖子非常长，就像长颈鹿一样，能向外伸出很长很长。今天，生活在海里的动物都没有这么长的脖子。蛇颈龙的头长得很像蛇头，身体就像桶一样，还有 4 个像桨一样的鳍状肢，非常适合游泳。

海怪也是慈母

很长一段时间以来，科学家们一直认为蛇颈龙可能就像今天的海龟一样，把身体拖到沙滩上产卵。直到 2011 年，一个新化石的发现才彻底揭开了这个谜团——那是一块蛇颈龙化石，肚子里还有一个小宝宝！科学家们认为蛇颈龙是胎生动物，也许一次只生一个。蛇颈龙可能会精心照顾出生后的幼崽——即使是海怪也可以有慈母般的心肠！

化石节

世界上许多国家都会举办这种一年一度的化石节。澳大利亚的国家化石节是6月26日，而美国化石节都在10月份举行。中国自2009年在辽宁省举办过首届国际化石节以来，也会不定期举行。

看看自己的家乡是否举行过化石节？那天我们可以在学校里度过，也可以邀请朋友和家人一起去庆祝，并欣赏、了解奇妙的化石世界！

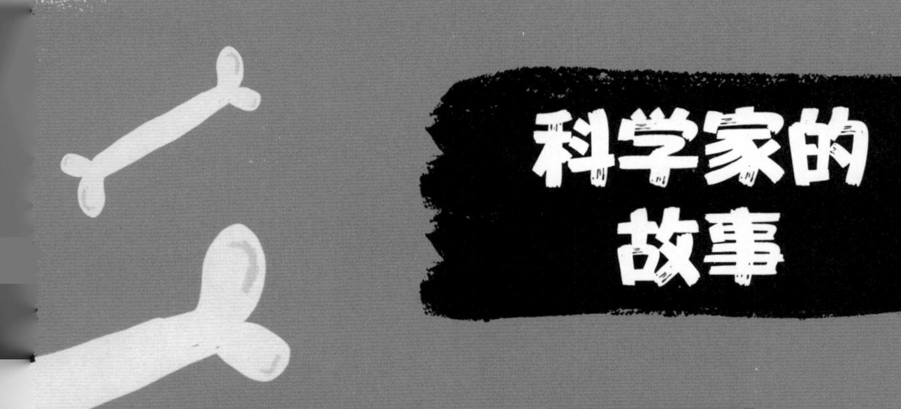

科学家的故事

化石恩怨

狂热竞争

科学家是一群非常有进取心的人，尤其是在面临竞争的时候！19 世纪晚期，有两位美国科学家，一位叫爱德华 · 德林克 · 科普，一位叫奥思尼尔 · 查尔斯 · 马什。他们为了寻找化石彼此竞赛，展开了一场为期 20 年的交锋。在他们开始那次化石之争前，科学界只知道 9 种恐龙。而在两位科学家竞争结束时，他们已经描述了超过 140 种恐龙！然而，他们在对化石的狂热追求中，把很多化石名目都弄重复了，因为新发现的恐龙的数量实际上只有近 30 种。两位科学家为了急于打败对方，经常误把两种生物的骨头组装在同一具骨架上！

亦敌亦友的化石之争

科普和马什一开始也是朋友，他们甚至用彼此的名字给一些新发现的生物化石命名。然而，两位科学家之间的嫌隙可能始于一次看似友好的旅行。当时，科普带马什参观了美国西部一个著名的化石遗址，但是科普却并不知道马什和化石遗址中的工作人员在私下里有着秘密交易。马什要求工作人员把发现的化石都寄给他，不要寄给科普！就这样，一场明争暗斗的化石竞争开始了。每当发现一个新的化石点时，这两位都想第一时间赶到那里。因为只有这样，他们才会成为挖掘出化石最多的那个人。然而，事情很快就变得越来越糟了。科普和马什都采取了偷窃、贿赂的手段，甚至以破坏化石为代价，开始掩盖遗迹，隐藏化石。

不愉快的结局

在科普和马什追求成为“化石之王”的过程中，他们彼此之间的敌对态度越来越强烈。两个人不再聚焦于远古生物的发现，对名望的追求越来越热切。例如，他们更关心谁会在科学界更出名。也许我们会认为，随着年龄的增长，两位对彼此的蔑视会减弱，可这场竞争反而愈演愈烈。甚至事态极度恶化，科普竟然要求说，在他死后要对他的大脑称重，彻底证明他是最聪明的科学家！这对科学家来说真的是太丢人现眼了！

所幸的是，马什并不乐意接受科普的这个挑战。

皮尔丹人化石的伪造事件

激动人心的发现

一切始于1912年，当时在伦敦自然历史博物馆工作的科学家收到了一封来自查尔斯·道森的来信，这封信真可谓激动人心。道森是一位初出茅庐的化石迷，他收集了大量的化石。在信中，道森声称：他在一次挖掘中，发现了一块极其重要的化石——有着像猿一样的下颌骨和像人一样的颅骨。那么问题来了：这种半猿半人的生物，会不会是从猿到人进化过程中，所缺失的那一环呢？达尔文的著作《物种起源》出版之后，科学家一直在拼命寻找这样的化石来解释人类进化。因此，这块半猿半人的化石很快就出名了，科学界以这块化石在英国的发现地为它的英文名，译作“皮尔丹人”，学名 *Eoanthropus dawsoni*，中文又名“道森曙人”。当时科学家认为皮尔丹人距今已超过50万年。

皮尔丹人是谁？

实际上，所谓的“皮尔丹人”化石是由各种生物化石拼凑而成的。那些颅骨部分的化石确实是人类的，但却属于好几个中世纪人。中世纪人指的是公元500—1500年在欧洲生活的人类，那时英国到处都是骑士和城堡！此外，道森发现的那块颌骨来自现代猿类——确切地说是猩猩的颌骨。一个偶然的机会，有人同时发现了这两块不相关的骨头。但是把那两块化石放在地上拼起来时，看起来就像是同一个生物的。而且那两块骨头看起来比实际年龄还要久远得多。那会是哪个时期的人类呢？

这组化石到底是真是假？

几十年来，科学家一直在研究皮尔丹人，却没有人怀疑那块化石是假的。但随着时间的推移，科学家发现了越来越多的人类化石。然而这些化石没有一个与皮尔丹人的骨骼相似。于是科学家开始怀疑起“皮尔丹人”化石的真实性。在进化树上，皮尔丹人应该处于什么位置？直到 1953 年，科学家宣布皮尔丹人是一个骗局，他们经过多次化学测试后，发现皮尔丹人化石中的骨头年龄实际上远不到 50 万年；而且这些化石经过了铁锈染色，因此看起来比实际年龄更老一些！皮尔丹人化石欺骗了科学界长达 40 多年，这是化石界最大的一次骗局，也是恶作剧搞得最厉害的一次。

查尔斯·道森一个十足的骗子

没有人知道确切的答案，但很多人认为查尔斯·道森是幕后主使，他伪造化石，目的就是哗众取宠。1916 年，道森“发现”了皮尔丹人化石的 4 年后，他就去世了。他有撒谎和欺骗的前科，他曾剽窃或窃取别人的想法，据为己有。他还假装成英国萨塞克斯考古学会代理，借机在一座城堡里买了一幢豪宅。就在发现皮尔丹人化石之前，道森还请教过当地的一位化学老师，想知道怎样才能让现代人的骨头看上去更像化石。这种动机嫌疑就很明显了！在发现皮尔丹人时，没有人知道他的底细，所以皮尔丹人化石的真实性刚开始未曾受到质疑。那么你觉得道森为什么会有如此恶劣的行径呢？是为了赞誉，为了名声，还是单纯的恶作剧？

警世故事

研究皮尔丹人的科学家曾认为这是一块真实的化石。就因为这个想法，科学家们写了许多关于人类进化的研究论文。当时皮尔丹人化石甚至列入了学术教科书。遗憾的是，那些研究都是错误的！殊不知，这组假化石确实震惊了科学界，也让科学家们对骗局提高了警惕。因此科学家们得到了一个深刻的教训——必须确保仔细检查化石挖掘与检验过程中的每个细节！

近半个世纪的骗局

你能想象得到吗？一个假化石竟然把科学家愚弄了 40 多年，将近半个世纪！化石造假事件在历史上发生过几次，但皮尔丹人化石或许是历史记录中最大的骗局！

新生代

中生代末期发生了灾难性的小行星或彗星撞击事件，之后终于“尘埃落定”，于是新的一天开始了。看一看，整个世界已经完全不同于以往了。在陆地上游荡的大型恐龙、统治天空的可怕的翼龙，一个个都已消失，荡然无存。撞击事件发生以后，地球上的温度骤降下来，变得极其寒冷。在很长一段时间里，地球不见天日，植物无法生长。当阳光再次普照大地的时候，植被几乎覆盖了整个世界——许多植食昆虫和大型的植食动物全都消亡。没有了这些植食动物，森林铺天盖地地生长，变得异常茂密。正是在这片没有大型动物的土地上，那些新生命才渐渐得以崭露头角。

新生代就是一个新生命群体焕发活力的时代。哺乳动物的时代终于来了！哺乳动物是温血动物，有脊椎，除了单孔目动物以外都是胎生。如今，仍有大量哺乳动物存活。这些动物包括非洲大草原的狮子、大象和长颈鹿，澳大利亚内陆的袋鼠和树袋熊。当然，还有我们人类。如果你觉得这些哺乳动物很迷人，那么新生代的哺乳动物一定会让你疯狂。

许多哺乳动物的起源可以追溯到新生代早期。大约 5600 万年前，地球上发生了一次重大的气候变暖事件：大气和海洋温度升高，地球两极几乎没有冰。正是在此期间，出现了最早的马、鹿、犀牛和灵长类动物的身影。在新生代，我们会看到曾在陆地上生活过的最大的哺乳动物——巨犀，差不多有非洲象的 5 倍重！或许你还会看到可怕的巨猪，即肖肖尼凶齿豨（xī）。

古老的灵长类动物很快遍布全球，在这一章节，我们将认识一些与我们最亲近的灵长类动物。步氏巨猿是生活在热带雨林的一种巨型类人猿，能咬动最坚硬的食物。体形矮小的弗洛勒斯人与巨鹳、矮象生活在一起。灭绝的尼安德特人是现代人类最近的亲戚，我们身上可能还有他们的基因，你相信吗？其他几类动物与哺乳动物也在中生代末期的大灭绝中一起幸存了下来，包括温顺的海龟、凶狠的鳄鱼和机敏的鸟类。在新生代，你会看到历史记录中最大的两种海龟，还有咬合力强大的巨型鳄鱼、食肉的骇鸟，以及翼展最长的伪齿鸟。

到了第四纪（新生代最新的一个纪），约 260 万年前，非洲、南北美洲、亚洲、南极洲、欧洲和大洋洲的形状和位置与现在你卧室地球仪上的几乎一样。但是如果你能回到过去，就会注意到一个明显的区别：空气温度骤然下降！在某些时期，冰雪覆盖了世界大部分地区，正是在这些冰河时期出现了一系列不同寻常的动物。巨大的猛犸象和犀牛在寒冷的雪地里艰难跋涉。猛犸象跟大象很像，只不过外面套着长长的毛皮，长着巨大而又弯曲的象牙。同这些温顺的巨型动物一起出现的还有狡猾的猫科动物。注意，这些动物是不能随便摸的。这种动物的牙齿就像两把刀一样，太大了，嘴里根本塞不下——这就是有名的“刃齿虎”！

随着时间的推近，我们就要和生命历史上最后一批灭绝的动物道别。这些灭绝的动物许多是巨型动物，如大地懒、巨型短面袋鼠、古巨蜥、巨型狐猴和不会飞的巨鸟。其中一些神奇动物在不到 1 万年前就消失了。

新生代是最年轻的时代，一直延续到现在我们生活的时代！下次你在外面观察周围世界时，要记住一件事：今天生活在地球上的生物是一种非常特殊的群体，它们的祖先数亿年来经历了巨大的气候变化、野兽猎捕，以及大规模灭绝，才延续至今。它们和我们一样，都是幸存者。

超大型的海螺

大钟塔螺

大钟塔螺是一种巨大的海螺，外面是又长又尖的贝壳，就像我们今天在海滩上看到的一样——只不过这个超大的海螺有 1 米多长！大钟塔螺生活在 4500 万年前，科学家在法国巴黎盆地发现了这种动物的化石。科学家认为这个盆地很可能是大钟塔螺的繁殖地，也就是巨型海螺宝宝的诞生地。

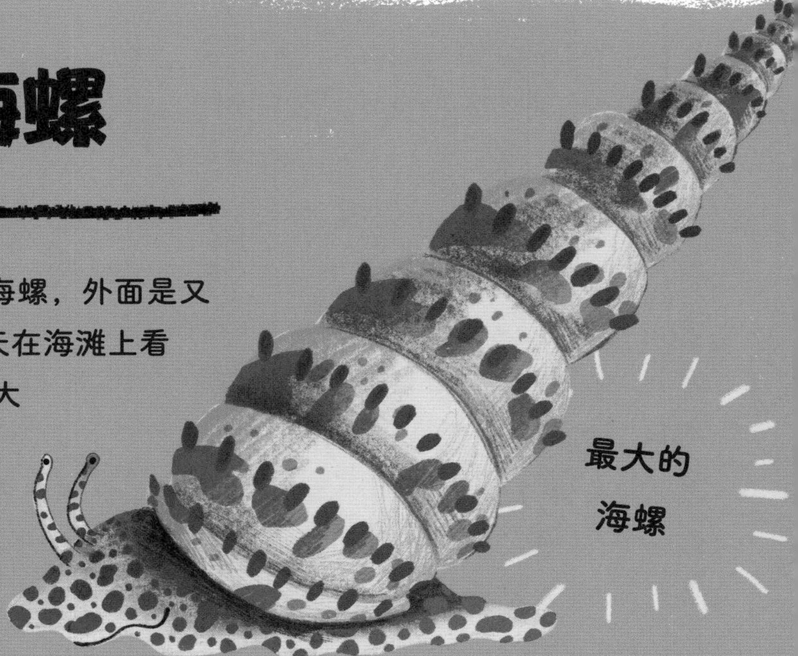

最大的海螺

太可爱了吧！

你知道吗？

19 世纪，工人们在挖掘巴黎下水道时发现了大量的大钟塔螺。它们的形状像教堂里敲钟的钟锤。如今只有一种大钟塔螺（象征钟塔螺）存活了下来，它生活在澳大利亚西南部的浅海中。

弗兰纳里探秘志

探寻巨大的宝螺

我十几岁时最喜欢墨尔本，喜欢在我家附近的菲利普港湾潜水玩儿。在海湾周围，如果你足够幸运的话，就可以在某些地方找到约 1000 万年前的贝壳化石。很少能发现比你的小指还长的巨型宝螺化石。这些宝螺十分稀罕，大约有足球那么大，比现代的任何宝螺都要大得多。一天，当我沿着海边游泳时，我扫了一眼海底，看到从中冒出来一块新月形的白色贝壳，我小心翼翼地清理了周围的泥土，很快发现了一个保存完好的巨型宝螺。这可是我发现的唯一的巨型宝螺！此前澳大利亚博物馆一直没有一个完美的标本，于是我把巨型宝螺捐赠给了他们，巨型宝螺一直被收藏至今。

巨型宝螺

大索棱宝螺

你是否曾沿着海滩散步，在不经意间发现一个冲上岸的漂亮卷曲的宝螺？宝螺是一种海螺，身体像蜗牛一样柔软，藏在一个坚硬的壳中。宝螺外壳光滑，一面像鸡蛋壳一样弯曲，另一面则是平的。宝螺在世界各地都有分布，它更喜欢温暖的海洋环境，生活在海底表面，捕食时移动缓慢。曾经生活在地球上的最大的宝螺是大索棱宝螺，它可以长到 25 厘米宽。2000 万年前，大索棱宝螺经常在澳大利亚的海岸附近出没。

拿贝壳当钱花，真不舍得！

在亚洲、澳大利亚和南太平洋地区，人们曾将宝螺当作货币。

亲缘关系

大索棱宝螺有许多体形较小的同类仍然健在。其中一些宝螺的壳上还布满了引人注目的斑点，成年宝螺会一直照顾幼螺，直到它们成长为一只只迷你宝螺！这对这些宝螺来说是不寻常的——许多海洋动物幼年时在开阔的海洋中遨游，直到成年后才定居在海底。这些幼螺以海绵和甲壳类动物（小螃蟹和明虾）为食——大索棱宝螺也是这样的。

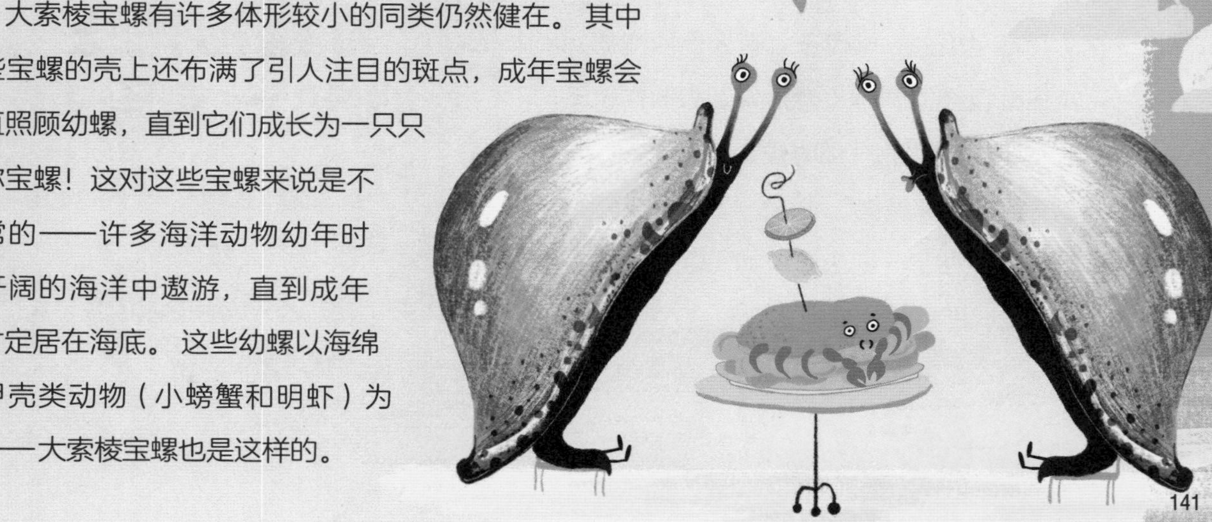

古老的海怪

西陶德龙王鲸

西陶德龙王鲸是一种掠食性鲸，体长可达 18 米，科学家们发现，约 3800 万年前，它生活在现在的美国亚拉巴马州，那时候这个地方还是一片浅海。它的体形有点像鳗鱼，牙齿很可怕。科学家们通过研究它的胃容物化石，可以推测到：西陶德龙王鲸主要捕食鲨鱼等鱼类，甚至可能吃其他的鲸。

良好的骨骼结构

19 世纪 30 年代，就有人用西陶德龙王鲸巨大的脊椎（脊椎骨）来制作家具和建筑材料了。那时候人们对西陶德龙王鲸还一无所知。想象一下，你不知不觉就坐在了一把由远古的海怪制成的椅子上，那会是什么感受！

可以把地球调热一点吗？

科学家们认为，大约 3400 万年前地球突然变冷，洋流改变，导致这些古老的械齿鲸（长着锯齿状牙齿）灭绝了。

名字有什么含义？

当西陶德龙王鲸第一次被发现时，科学家错误地认为这是一种已经灭绝的爬行动物。“龙王鲸”在拉丁语中的意思是“蜥蜴王”，尽管这是错误的，但这个名字还是流传了下来。

哎哟！

你知道吗？

西陶德龙王鲸化石是美国亚拉巴马州的州化石。

历史记录中最大的陆生哺乳动物

巨犀

巨犀是历史记录中最大的陆生哺乳动物。哺乳动物是包括人类在内的一群温血动物。大多数哺乳动物都有皮毛或毛发，幼崽是胎生的，由母亲分泌乳汁将其喂养长大。现存最大的陆生哺乳动物是非洲象，其体重可达 6000 千克。巨犀的体重是非洲象的 3~5 倍！仅头骨就有 1.3 米长——大约是一个 9 岁儿童的身高。

巨犀太大了，根本不用担心什么天敌。能长这么大，实属不易。

巨犀之谜

通常情况下，化石都是古生物的骨骼，软体部分根本保存不下来。有些动物的化石甚至没有完整的骨架，而只有几根骨头！想想看，你的皮肤、肌肉和头发与你的骨架相比，有多么不同。我们如何仅仅通过骨骼就知道古生物的身体结构呢？许多科学家使用异常复杂的计算技术，比如用建模来计算动物的大小。计算机模型是一种利用已知信息预测未知信息的程序。想象一下，我们手头有几块已经灭绝的巨型鸟类的骨骼化石，从中我们可以知道巨鸟的每块骨头的长度，还能知道整个身体的长度。这些信息称为数据。比如，你只发现了一根骨头的化石，计算机模型将使用这个数据与所发现的骨头进行对比。科学家还能研究这种生物现代的近亲，根据数据估测出它本来的模样。但是科学家们可能会持有不同的意见，这一点很常见！以巨犀为例：一些科学家认为巨犀根本没有像犀牛那样的小耳朵，而是拥有像大象一样的大耳朵，起到降体温的功用。也有的认为巨犀长着和大象一样的垂鼻！

不长角的犀牛？

巨犀这种巨大的野兽看起来有点像长颈鹿，像是骆驼和大象一起生的小宝宝。但这头巨兽和这些动物都无关！它是远古时代不长角的犀牛。巨犀脖子很长，几乎能够到篮球筐那么高的高处。就像它现代的表亲犀牛一样，巨犀喜欢吃叶子和植物。

一头可怕的巨猪！

肖肖尼凶齿豨

这是一种长得像猪一样的凶齿豨，生活在北美地区，直到1900万年前才灭绝。凶齿豨有一个更响亮的绰号：地狱猪！肖肖尼凶齿豨是当时最大的地狱猪，肩膀高达1.8米，比人类的平均身高还要高。它的腿又细又长，每条腿上有两个脚趾，非常适合快速追赶猎物。它的身体很结实，强壮的脖子支撑着一个直径近1米的巨大头骨。它的嘴里长满了巨齿——这种地狱猪可不好惹。最重要的是它的下颌骨很突出，像个长疣子，可能是用来斗殴的。

名字有什么含义？

在希腊语中，“凶齿豨”的意思是“可怕的牙齿”。

地狱猪不是猪

尽管它绰号叫地狱猪，长得很像现代猪，但它实际上不是猪，而与鲸和河马是近亲。这真是太奇怪了！

如果你是一只先兽——一种像绵羊大小的小骆驼，那么，地狱猪就是你的天敌。1999 年，科学家们发现了一个 3300 万年前的动物洞穴，里面满是这种小骆驼的骨架。它们肉多的部位骨头都没了，剩下的骨头上都布满了地狱猪的牙印！

地狱猪吃什么呢？

肖肖尼凶齿豨很可能捡拾动物尸体为食，但也可能会杀死自己的猎物。而它的牙齿形状表明，肖肖尼凶齿豨既吃肉，又咀嚼植物，因此它是杂食动物。还有更多的证据，主要集中在肖肖尼凶齿豨的猎物骨头化石上的咬痕。科学家有时能够将掠食者的牙齿与咬痕的形状相匹配，就像法医侦探一样！

长“犄角”的大乌龟

卷角龟

卷角龟是陆地上最大的龟之一，移动速度非常慢。当一种动物生活在陆地上时，我们就称它为陆生动物。它的体长可达2.5米，是植食动物。卷角龟生活在澳大利亚大陆及其附近的岛屿上，直到大约5万年前才灭绝。

长满“犄角”的头

卷角龟的头骨又宽又平，上面长着很多像角一样的组织。其他的乌龟在遇到危险时能把头缩进壳里，它却不能。但它也没必要，因为没有多少掠食者会蠢到去惹恼这个家伙！卷角龟的长尾巴上布满了尖刺，有谁胆敢来冒犯，这条长刺的尾巴可是不长眼的！

差点与卷角龟失之交臂

有时候，科学家会在豪勋爵岛发现卷角龟的骨骼化石。一天，我工作的澳大利亚博物馆的化石馆馆长收到消息说，发现了一具骨架，他需要去岛上挖掘。馆长在这个世外桃源般的亚热带岛屿上待了几个星期，回来时他说他差点没能挖到那些骨头。卷角龟化石裹藏在海滩上的一块岩石里，那是当地的著名景点，人们经常去那里聚会，当地人不希望这里遭到破坏！然而，化石馆馆长再三保证不会破坏岩石，当地人才允许他挖掘，但特别叮嘱他要非常小心地挖掘这些骨骼化石！

你知道吗？

科学家最初发现卷角龟时，误以为它是一种蜥蜴。因为他们发现的第一块卷角龟化石只是由几块骨骼组成，而不是整个骨架。

名字有什么含义？

卷角龟属名 *Meiolania* 的意思是“小流浪者”，但这家伙可一点儿也不小。

真正的龟王之王

地纹骇龟

你可能听说过《忍者神龟：变种时代》这部电影，但你听说过壳前方长着巨角的汽车大小的乌龟吗？骇龟生活在1300万—500万年前，是历史记录中最大的龟之一。骇龟喜欢生活在河流、湖泊等淡水水域的水底。这种乌龟并不挑食，喜欢吃鱼、蛇等爬行动物，甚至还吃植物。

名字有什么含义？

地纹骇龟学名*Stupendemys geographicus*的意思是“巨大的龟”。

龟角上的角斗擦痕

雄性地纹骇龟壳前有巨角。科学家们发现，其中一些角上有很深的擦伤痕迹。科学家们由此推断，这些痕迹很可能是雄性地纹骇龟之间用角进行角逐斗殴时留下来的。胜利者会赢得最大块的领地，甚至是赢得一只雌骇龟的芳心。

体形大也不安全

地纹骇龟与一些长相可怕的掠食者生活在一起，包括 11 米长的巴西普鲁斯鳄。地纹骇龟巨大的体形和外壳可以保证自己免受这些巨型掠食者的伤害。不幸的是，体形大并不意味着绝对的安全——科学家发现在一只不幸的地纹骇龟壳里楔着一颗 5 厘米长的巨型鳄鱼的牙齿。地纹骇龟巨大的体重便于它在寻找食物时，潜伏在水里发起攻击。

巨大的鳄鱼

巴西普鲁斯鳄

巴西普鲁斯鳄是历史记录中最大的鳄鱼之一，体长可达 11 米。大约 800 万年前，巴西普鲁斯鳄生活在现在位于南美洲的一片湿地中，它与地纹骇龟生活在同一时期。这时的陆地上到处是特大号的巨兽，真是难以想象！巴西普鲁斯鳄的头骨长 1.4 米，近似猛犸象的头骨大小，差不多相当于一个 10 岁儿童的身高。而且巴西普鲁斯鳄的嘴里长满了锯齿般的牙齿，非常可怕。这些牙齿长达 5 厘米，在猎物毫无防备之下，一下子就能将其制服。

善于偷袭的掠食者都会把自己隐藏得很深，等到猎物靠近时，出其不意地给予致命一击！

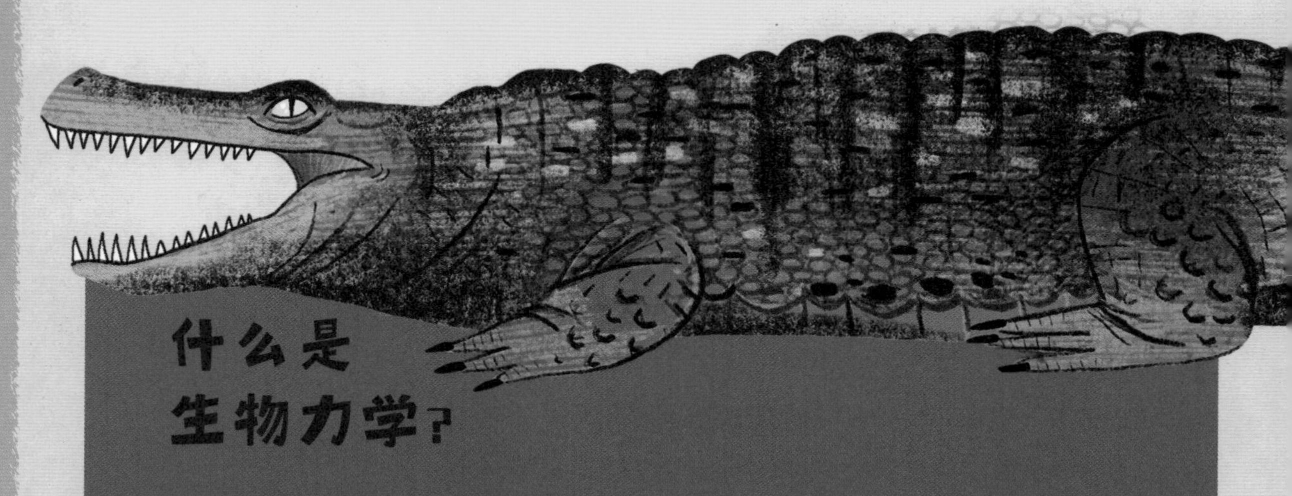

什么是生物力学？

研究生命体如何运动和其中规律的学科叫作生物力学。科学家可以利用肌肉和身体结构来研究现代生物的生物力学特征。有时候动物化石只剩下零星的几块骨头，但这并不意味着我们无法弄清这种远古动物是如何运动的，因为古生物学家可以从骨骼化石中得到大量的信息！古生物学家利用生物力学，可以估计动物运动的速度、姿势、咬合力，甚至咀嚼方式。咬合力是指动物上下颌牙齿之间因为咬合行为而产生的力。了解这些信息有助于我们确定这种古生物究竟吃什么东西。科学家认为巴西普鲁斯鳄是所有动物中咬合力最强的，因为它能咬动最坚硬的骨头！

当心！

巴西普鲁斯鳄的牙齿非常锋利，咬合力超级强，能够咬穿任何巨龟的硬壳，巴西普鲁斯鳄无疑是那个时代的顶级掠食者，任何水生动物在巴西普鲁斯鳄面前都难逃一劫。巴西普鲁斯鳄也可能埋伏在水里，当大型动物前来岸边喝水时，给予致命一击。一些科学家认为巴西普鲁斯鳄非常可怕，它甚至可以跟霸王龙展开殊死搏斗，并打败对方呢——但是这两种动物生活在不同的时代，巴西普鲁斯鳄是否真的能打败霸王龙，我们永远也不得而知！

死亡翻滚

现代鳄鱼使用一种“死亡翻滚”的独门绝招来制服猎物。死亡翻滚通常都发生在水中。鳄鱼一旦将猎物紧紧地咬住，就会开启快速而强有力的翻滚。这一翻滚会让猎物觉得就像在一台工业洗衣机里旋转，一下子就会晕头转向。在翻滚时，猎物的胳膊和腿会从水涡中心甩出来，肉会被撕成碎片。水会很快灌满猎物的肺，直到猎物被淹死。只有这样，鳄鱼才会安心地享用大餐！科学家认为鳄鱼之间相互搏斗时也会用上死亡翻滚。通过研究巴西普鲁斯鳄骨头的运动方式，科学家认为巴西普鲁斯鳄用死亡翻滚的必杀技来对付自己的猎物。

致命的掠食者

梅氏利维坦鲸

你也许会认为大鲸是安全的，毕竟它如此之大，谁敢冒犯。但在1300万—1200万年前，有一种致命的掠食者令最大的鲸都吓破了胆。梅氏利维坦鲸是一种抹香鲸。抹香鲸至今还活着。它是一种长有巨齿的掠食性鲸，主要以鱿鱼为食。但是能吃掉鲸，为什么还要吃鱿鱼呢？梅氏利维坦鲸位于食物链的最顶端，一日三餐都吃鲸！

科学家从秘鲁出土的一个头骨化石中了解到了梅氏利维坦鲸。目前还没发现这种鲸身体的其他部位化石。但是科学家从这个头骨的大小得知，它是历史记录中最大的掠食者之一。

可怕的巨牙

梅氏利维坦鲸的头骨就有 3 米长，估计体长大概有 17 米。这对鲸来说不算特别大。但是梅氏利维坦鲸有个重要特征，那就是它的牙齿是历史记录中最大的：一颗牙齿能超过 36 厘米长。试试看，从我们的铅笔盒里拿出尺子，量一量，看看它到底有多大！不过嘛，恐怕不止用一把尺子吧！今天的抹香鲸牙齿最长也就 20 厘米，所以梅氏利维坦鲸脸上时常挂着一个露齿的笑容。它的吻部又短又宽，下巴肌肉发达；这样的结构很适合将挣扎的猎物完美制服。即使是比它大得多的鲸都难逃它致命的牙齿，也会被轻而易举地咬下一大块肉。

沙滩发现巨牙

在墨尔本，你不必到很远的地方去寻找化石——因为在靠近市中心的地方就可以发现许多化石。2016 年，在墨尔本的博马里斯湾发现了一颗梅氏利维坦鲸的巨牙。那颗牙齿长 30 厘米，是澳大利亚发现的最大的牙齿化石。想象一下，在夏日海滩上，你发现了这颗巨齿……那该多有意思啊！

真不可思议！

古代西方传说中有一种海怪叫作利维坦。一开始科学家们想用利维坦给这种鲸起学名。但是他们后来意识到，利维坦已经有主了，被另一种动物占用了。一种生物的学名必须是独一无二的，否则我们如何记录生命史上所有的生物呢？

超大型的鲸脑油

抹香鲸因其自身的鲸脑油而得名。鲸脑油是一种蜡状物质，科学家在抹香鲸头部的一种特殊器官中发现了数千升的鲸脑油。科学家们认为，鲸脑油是用来帮助这些鲸漂浮的，或者是用于回声定位的。回声定位是鲸、海豚和蝙蝠使用的一种特殊感觉官能。抹香鲸利用声波来确定一个物体的位置和属性。在一片漆黑的大海里，我们无法用眼睛看清东西，这时这种感觉官能就派上用场了。巨大的声波震撼力极强，今天的海豚和抹香鲸也利用声波来迷惑猎物。梅氏利维坦鲸有一个超大的鲸脑油器官，它可以用回声定位的强大声波来震昏猎物，使猎物失去意识！又或者，打架时，它可以用鲸脑油器官来猛烈撞击其他鲸。

如何破解未知信息？

科学家们怎样才能弄清楚，像梅氏利维坦鲸这种早已消失的海洋生物喜欢生活在哪里呢？一种方法是观察动物死亡的环境。想象一下，一个古生物死在海底。随着时间的推移，这种生物变成了化石，海底变成了岩石。科学家可以研究化石周围的物质：是来自浅滩的沙子，还是来自深海的泥浆？通过研究动物牙齿和骨骼的化学组成，科学家可以得到更多的信息。化学组成确定了构成物质的所有化学物质。化学物质非常小，我们需要使用实验室里的特殊设备才能弄清楚。通过研究牙齿和骨骼的化学组成，我们会发现古生物生活在哪里，甚至知道它们喜欢吃什么。梅氏利维坦鲸牙齿中的化学物质证实它喜欢生活在南半球较冷的水域里。

化石——传递远古信息的“使者”

化石所包含的古生物信息远比你想象的要多。从化石的形状可以估测出这种生物的体形有多大，它是怎样运动的，甚至喜欢吃什么。化石遗址可以揭示这种生物生活的环境。科学家甚至可以从化石的化学成分中发现更多信息。不仅化石具有这些信息，我们也一样！科学家可以通过观察、研究我们牙齿和骨骼中的化学元素，来判断我们在哪里长大，吃的什么，甚至什么时候开始吃辅食*的！

* 辅食：孩子满 6 月龄（180 天）到 24 月龄（2 岁）这一阶段，母乳或配方奶已不足以满足他们生长发育的营养要求，需要提供其他食物进行补充喂养，这些食物称为辅食。

利用元素寻根究底

世界上的一切——包括太阳、空气、海洋、岩石、树木、动物，甚至我们自己——都是由元素组合而成。科学家将所有元素划归在元素周期表中。元素周期表上有 100 多种元素，包括氢、碳、氮、铁和金等。每一种元素都有自己的特殊符号。人体 99% 的物质主要由 4 种元素——氧、碳、氢和氮组成。

不同元素原子结合在一起便形成化合物。例如，水是由氢和氧元素组成的。氢的符号是 H，氧的符号是 O。水是由 2 个氢原子和 1 个氧原子结合而成的，所以我们用这个符号 H_2O 来表示水。

有些元素本身有多个形式。例如，并非所有的碳或氮元素都一个样——同一元素的不同形式称为同位素。科学家利用同位素的比例来对过去寻根究底。

气候与饮食

水中氢、氧元素的同位素组成随着气候变化而变化。科学家通过分析海底的冰芯来了解气候是如何随时间变化的。（冰芯是从冰川上钻取的圆柱状雪冰样品。）动物喝水时，它们的牙齿中保存了这些同位素特征，由此，科学家能推测出动物生活的气候特征。植物的叶子中也含有不同比例的同位素。每当动物吃到某种植物叶子时，牙齿就会反映出这种特征。科学家在分析这些牙齿时，就能知道这种动物最喜欢吃什么！但是科学家不能对所有的化石都做这样的实验，只能对那些年代不过于久远、保存完好的化石进行分析。

血盆大口

巨齿鲨

你觉得最大的鲨鱼是什么鲨鱼？非巨齿鲨莫属。它能有多大呢？巨齿鲨的嘴张开后有 3 米宽，敢不敢相信？巨齿鲨的大嘴能轻而易举地一口吞下去好几个人，而且人站在它嘴里都够不到它的上颚！巨齿鲨长达 16 米，几乎是现代大白鲨的 3 倍长，巨齿鲨的背鳍位于身体最顶端，高 1.6 米多，相当于一位成年女性的身高！巨齿鲨捕食鱼类、鲸类和其他鲨鱼，体形最大的巨齿鲨一天能吃掉 1000 多千克的食物。古生物学家在一些大型鲸的骨骼化石上发现了巨齿鲨的齿印。

可怕的海洋

巨齿鲨和梅氏利维坦鲸生活在同一时代，这两种怪物都在海洋里横行霸道，相互之间也会争抢猎物。

数不清的牙齿

虽然鲨鱼有骨骼，但都是软骨而不是硬骨。长软骨的身体非常灵活，很适合游泳，但由于其比硬骨软得多，所以软骨很难保存成化石。我们用手摸摸自己的鼻尖和耳朵，软骨就是那样的感觉。

牙齿是巨齿鲨身上最坚硬的部位，大部分巨齿鲨化石都是这类牙齿。这些牙齿中最大的一颗直径接近 18 厘米，放在手里都拿不下！巨齿鲨牙齿化石遍布世界各地，常被潜水员发现，有时在海滩漫步都能发现。

人类成年后牙齿就不能再生了，而鲨鱼一辈子能换成千上万颗牙，它的牙像一条无尽的传送带，不断地脱落下来，又不断地再生补上。有些现代鲨鱼一生中会长出数万颗牙齿，因为杀死猎物关键靠的就是锋利的牙齿。

幼崽还未出生就自相残杀

你知道吗？现存的一些鲨鱼宝宝在鲨鱼妈妈肚子里就会自相残杀，有时最强壮的幼鲨会吃光它所有的兄弟姐妹。因此，在幼鲨出生前它就已经大饱口福了。科学家认为，胎腹中的巨齿鲨可能也会吃掉它们的兄弟姐妹。巨齿鲨这类凶猛的生物胃口都很大！

弗兰纳里探秘志

我探寻到的巨齿鲨牙齿

我 17 岁就在维多利亚博物馆工作了，那时候我经常去墨尔本郊区的博马里斯湾潜水，那里是一块著名的化石遗址。工作第一天，我就背上潜水器潜到水里。一到海底，我就发现面前有一颗巨齿鲨牙齿！那是我所见过的最漂亮、最大、最完美的巨齿鲨牙齿。我在这里潜水多年，从未发现过这么完美的牙齿化石。

后来，我把牙齿送到了博物馆，交给汤姆·里奇博士。他接过我手中的牙齿时波澜不惊，因为他更希望的是我能找到更多的海豹化石。因为几个月前，我发现了海豹脊椎骨，然后捐给了博物馆。

许多年后，我回到博物馆，要求看看我曾经找到的那颗美丽的巨齿鲨牙齿，但没人能找到！大家都说那颗牙齿可能让人给"偷"了。我向里奇博士提起这件事，他却漫不经心地说："如果你能留着那颗牙齿，我会很高兴。我真正想要的是海豹和陆生哺乳动物的化石。"不过，不久前有人告诉我那颗牙齿找到了。我期待着能再去博物馆参观那颗神奇的牙齿。

你知道吗？

巨齿鲨的牙齿是收藏家囊中必收的珍品，因为最大的一颗牙齿可以卖到几千美元！我寻猎化石的运气很好，寻到了一大批巨齿鲨牙齿化石。根据发现时间和发现方式，最终它们要么被收藏在了博物馆，要么被放在了我的书架上！

名字有什么含义？

巨齿鲨的种名 *megalodon* 的意思是"大牙齿"。

数亿年的活化石

腔棘鱼

假如新生代*最后以活化石的方式宣告结束，那再好不过了。等等，活化石到底是什么？大自然时不时会给我们惊喜，让我们发现我们以为灭绝了的动物。说一说腔棘鱼吧。它是一种大型肉鳍鱼，长相怪异，但名声很大。它一度被认为在 6600 万年前的中生代末期，和恐龙一起灭绝了！现代的腔棘鱼看起来很像它远古的亲戚。人们对这种鱼的了解都是从古化石上得到的，直到 1938 年，一艘拖网渔船在南非近海捕获了一条腔棘鱼。这种神奇的鱼可以长到 2 米，重达 90 千克，寿命长达 60 岁。这次发现引起了巨大的轰动！

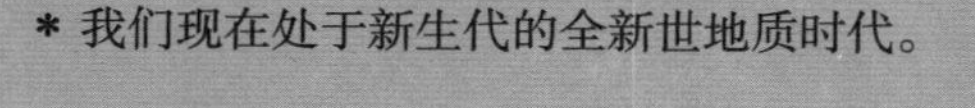
* 我们现在处于新生代的全新世地质时代。

“胖头”鱼

腔棘鱼的大脑极小，在头盖骨中只占据很小的部分，头盖骨中剩下的 99.5% 全是脂肪！

会“走路”的鱼

腔棘鱼的鳍又宽又扁，有点像我们的耳朵！它们游动的方式很独特，每片扁鳍轮流交替摆动，像动物走路一样在海中游动。

神秘的类人猿

山猿

20 世纪 50 年代，人们在意大利南部的一个煤矿里发现了一具近乎完整的山猿骨架。这块化石大约有 800 万年的历史，是一种类人猿生物化石，重约 30 千克，大约相当于一个 10 岁孩子的体重。你能想象矿工们发现山猿时的感受吗？是震惊，还是恐惧？甚至，矿工一度认为自己碰到的是一具人类骨架。自从这次发现以后，人们又发现了更多可供研究的山猿骨骼化石。

名字有什么含义？

山猿属名 *Oreopithecus* 中的“oreo”可能会让你想到美味的奥利奥饼干，但在希腊语中，“oreo” 是“小 山 丘” 的意思。

令人费解的灵长类动物

黑猩猩、大猩猩和猴子等灵长类动物大家肯定都听说过，因为我们也是灵长类动物！不过，我们可能看不出自己和这些毛茸茸的家伙有什么相似之处。但是，它们确实是我们的远古表亲。当然，我们是如今唯一幸存的人类。在过去，地球上有许多不同的人种。想要认识其中的两种人吗？请参阅弗洛勒斯人（见第 176 ~ 177 页）或尼安德特人（见第 194 ~ 195 页）。

古代灵长类动物的种类繁多。在发现灵长类动物化石后，一般都很难确定它在进化树中的确切位置。它是更像人类呢，还是更像猿呢？有的研究表明，山猿会直立行走，手像人类一样，可以做出穿针引线之类复杂而精细的动作。也有科学家认为，山猿的骨骼形状表明它擅长爬树，具有其他类似猿的特征，比如脚形。考古学家目前仍在争论山猿应该属于哪一科。这个谜题有待进一步解决，它可以揭示人类是如何进化、如何迁移的。

我的沼泽岛家园

山猿还活着的时候，气候比现在要温暖得多。山猿生活在沼泽岛屿。“沼泽岛屿”只是听起来不太舒服，但这里没有掠食者的威胁，山猿可以自由自在地享受生活！我们以前提到过，动物在岛上生活很长时间以后长得就会有点奇怪。一些考古学家认为，山猿身上混合了人类和类人猿的双重特征，可能也是因为它是在岛上生活吧。

巨大的畸鸟

阿根廷巨鹰

阿根廷巨鹰是历史记录中第二大会飞的鸟，它的长翼像虎鲸一样，翼展长达 6.5 米！虽然只发现了这种怪物翅膀上的一块骨头，但足以估计出它的体形了。它是一种可怕的掠食者，属畸鸟科。在飞行时它用可怕的钩形喙攻击猎物。根据头骨形状可知，阿根廷巨鹰可以把倒霉的猎物整个囫囵吞下去。

翅膀真大！

这种巨鸟是现代鹳和秃鹫的远亲。

今天哪里可以看到巨型飞禽？

如今，秃鹰是我们能在天上看到的最大的飞鸟之一。秃鹰体重约为 15 千克。但是为什么现在空中没有像 70 千克重的阿根廷巨鹰那样的巨型飞禽了呢？科学家认为这个答案在于环绕地球大气中的热量发生了变化。阿根廷巨鹰利用上升的热空气来保持高空滑翔，热空气也就是热气流。大约 900 万—700 万年前，这个庞然大物还活着的时候，气候比现在热得多，热气流也就更多，足以让这种巨鸟长时间保持飞行的状态。

阿根廷巨鹰是鸟类当中的佼佼者。那么，这种重达 70 千克的巨鸟到底是怎么飞起来的呢？这个问题至今仍是个谜。科学家认为，它会事先找个斜坡，借着微弱的风力飞向远方。它一旦起飞，就像一台滑翔机，大翅膀不用怎么扇动。

不伦不类的家伙！

大异齿爪兽

大异齿爪兽属于爪兽科，是一种奇怪的动物，长着熊一样的身体、驴一样的脸、大猩猩一样的前肢，与马、斑马和犀牛等奇蹄目动物是近亲。它高达1.5米，和一匹马差不多重，栖息地位于现在的欧洲，直到500万年前才灭绝。

你知道吗？

许多植食动物不需要用爪子就可以得到食物，这些动物长得跟野草或者树木一样高。大异齿爪兽这种植食动物长巨爪是很罕见的！（镰刀龙也是一个典型的例外，见第91页）。科学家第一次发现大异齿爪兽化石时，都认为它可能是一只巨型食蚁兽！因为食蚁兽的爪子很大，可以从蚁丘里挖昆虫吃。

依靠趾关节行走

大异齿爪兽的前肢比后肢长得多，背部倾斜得很特别，因此它移动起来十分奇怪。它用趾关节走路，像大猩猩一样！想知道为什么它走路这么怪吗？它用前肢的巨爪扯下高树枝上的树叶或者果实，只有爪子处于最佳状态才能够到树叶。如果它不用趾关节走路，爪子就会磨损，从而弄不到食物。长长的爪子很容易吓跑天敌，比如那些讨厌的刃齿虎。

滑溜溜的海懒兽

海懒兽是一种大型懒兽，大约生活在 500 万年前的南美洲。你可能更熟悉生活在高高的树上、享受慢节奏的现代树懒或是泛美地懒。但海懒兽既不生活在地上,也不生活在树上。它生活在海里！多年来，科学家认为这家伙游泳能力很差。人们认为海懒兽更像是在浅滩上缓慢前行，用巨爪牢牢附着在岩石上，稳住身体。现在我们知道海懒兽在水中更自在。它的骨骼与古鲸的骨骼一样，密度异常高，可以更好地控制浮力，就像船的压舱物起到保持稳定的作用一样，有助于它在浅水中游得更顺畅！就像现代河马一样，海懒兽的四肢如同船桨，可以推动自己在水底移动。

美味的海藻

海懒兽来到水里就可以大口地吃美味的海藻和海草。海懒兽很可能是用尾巴帮助自己潜入水底去吃海里的植物。

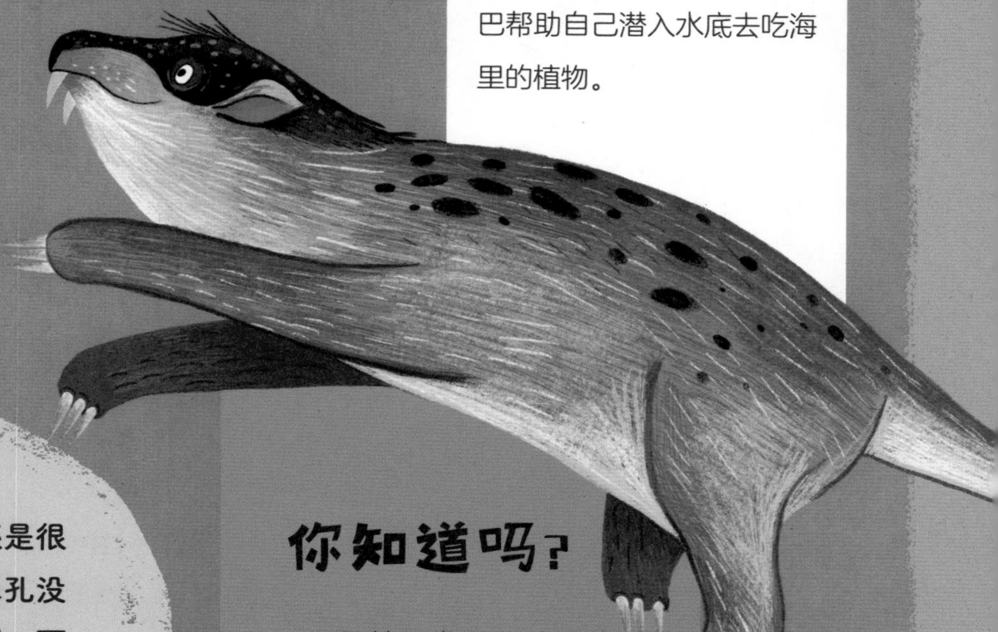

海懒兽的鼻孔还是很好用的，因为鼻孔没有长在头的两侧，而是朝上长着，这样更有利于在水中呼吸。

你知道吗?

目前已发现 5 种灭绝的会游泳的海懒，它们都是海懒兽属动物。

嘴外面长着獠牙的鲸

海牛鲸学名的意思是“用牙齿行走的鲸目动物”！鲸目动物是一群包括鲸、海豚和鼠海豚类等须鲸和齿鲸动物在内的海洋哺乳动物。

海牛鲸

你知道吗？什么生物长得像吸尘器？嘴里没有牙，外面只有两颗巨长的獠牙，而且还倒着长？是海牛鲸。海牛鲸看起来有点像现代独角鲸。独角鲸是一种肥胖的中型鲸，头部中间伸出一颗长牙。海牛鲸长约 2 米，吻部很短，两颗獠牙向后，样子很不同寻常。

有趣的事实

尽管海牛鲸看起来像海象，但它们并不是同类。这两种动物之所以长相比较相似，是因为它们的进食方式相似。两种没有亲缘关系的生物看起来很相似的现象可以用“趋同进化”解释。

大约在 500 万年前，海牛鲸生活在位于现在的南美洲附近的热带海洋里。

没有牙，用“吻”吃！

海牛鲸在海底泥沙处寻找美味的蠕虫和甲壳类动物。它的吻部边缘的肌肉强健，能把动物从洞里或壳里吸出来。它可能利用回声定位来捕食海底泥沙里的猎物。

回声定位是指动物利用声波的反射帮助自己确定猎物的位置。许多鲸和海豚利用回声定位来帮助自己在黑暗的海洋深处定位猎物。

可怕的天敌

巨齿鲨是让海牛鲸闻风丧胆的天敌。巨齿鲨是一种超大的鲨鱼！

獠牙为什么这么长？

科学家认为海牛鲸的长獠牙太脆弱，无法用于防御或者搏斗。獠牙像雪橇一样引导着海牛鲸的头，使它的嘴既能接近海底，便于进食，又不会让嘴碰到海底。雄性海牛鲸的獠牙大小不一，已经发现的一块獠牙化石长达1米多！长獠牙也可用于求偶，例如，长獠牙可以用来打量其他的雄性，或者吸引雌性来交配。

最可爱的有袋类动物

托氏胡里族兽

大约 5 万年前，托氏胡里族兽生活在巴布亚新几内亚的山谷中。它像熊猫一样喜欢吃竹子和叶子，可以站得直直的。它大约 1 米高，重达 200 千克，是一种有袋类动物。这是一种特殊的哺乳动物，它们把幼崽放在育儿袋里。托氏胡里族兽是当时巴布亚新几内亚山区最大的哺乳动物，与澳大利亚的双门齿兽有亲缘关系。

托氏胡里族兽毛茸茸的，很可爱。

名字的渊源

1986 年，在一位同事的协助下，我把这个化石种名命名为 *tomasetti*（源自伯纳德·托马塞蒂）。托马塞蒂是巴布亚新几内亚的牧师，就是他把这些化石送给我们来研究的。属名源自巴布亚新几内亚的土著人胡里人。直到 90 年前，外界才知道胡里人。胡里人的打扮非常夺人眼球，头上戴着由人类头发制成的假发，以及天堂鸟华丽的羽毛做成的头饰。天堂鸟是群居动物，长着极其罕见的艳丽的羽毛，生活在澳大利亚东北部及巴布亚新几内亚境内。这种异兽的化石就是在胡里人生活的地方发现的。

弗兰纳里探秘志

对托氏胡里族兽的描述

胡里人住在巴布亚新几内亚的高山上，以制作异常漂亮的假发而闻名，包括用天堂鸟羽毛和花朵等制作的各种别致的假发造型。我拜访了胡里人，想了解更多关于在那里发现的一种神秘有袋动物的骨架的情况。

当地的牧师伯纳德·托马塞蒂向我解释说，胡里人以挖掘为荣，他们住的村庄周围到处是壕沟，防守极其坚固。这具骨架是胡里人在夷平一座小山，建造简易跑道时发现的。随后他们把这一发现告诉了牧师，牧师小心翼翼地把骨头收集起来，送到澳大利亚。这次拜访我还特地去发现地检查了骨骼化石附近的岩石和沉积物。根据骨骼化石分析结果，这种动物属于一个新物种，也属于有袋类动物，有大熊猫那么大。我把它的属名叫作 *Hulitherium*，是为了纪念发现它的胡里人。

桑氏伪齿鸟

飞鸟之王

你认为天空中最大的鸟有多大呢？桑氏伪齿鸟是地球历史记录中最大的鸟，它的翼展长达 7.5 米，比阿根廷巨鹰的翼展还长 1 米。仅通过一块桑氏伪齿鸟化石便能够知道，这种鸟生活在 2500 万年前。我们知道，动物身体越重，在空中拍打翅膀越困难，也就越不利于飞行。和现代鸟类一样，桑氏伪齿鸟的骨骼是空心的，很薄、很轻，有利于飞行。但它有一点与众不同：喙上长着许多的“骨刺”，像是一嘴尖牙——也许，能让你想起会飞的鳄鱼吧？

嘿！
好奇怪呀！！

飞回家享受猎物

桑氏伪齿鸟一生翱翔在大海之上，可以在海面上飞很远的距离搜寻猎物，不需要经常着陆。一旦发现味美多汁的鱿鱼或鱼类，桑氏伪齿鸟这位专业的捕猎专家就会极速潜入水中将其抓获，令猎物猝不及防。

一双善于发现的眼睛

1983 年，一个国际机场的建筑工人挖地基时，挖出一些古生物骨骼化石。不幸的是，这些化石在美国北卡罗来纳州查尔斯顿博物馆的抽屉里封存了 30 多年，直到一位好奇的科学家在研究这些藏品时，这些化石的重要价值才被发现，一种新的、破纪录的动物物种由此为世人所知！那么，你知道还有多少不知名的动物化石静静地卧在博物馆的抽屉里，等待着一双慧眼来发现和甄别呢？

可怕的食肉鸟

泰坦巨鸟

泰坦巨鸟是一种骇鸟。幸运的是，这种可怕的鸟在人类出现之前就已经灭绝很久了。如果坐上时光机器，回到500万—180万年前的北美大陆，那你就得小心了！泰坦巨鸟翅膀很小，对飞行毫无用处，但这种鸟绝不是巨型鸡，它和大熊猫一样重，斧头般的喙锋利无比。更可怕的是，它一下子就能踢断骨头。泰坦巨鸟喜欢捕食哺乳动物、蜥蜴和蛇。

你知道吗？

泰坦巨鸟是最后一种灭绝的骇鸟。

“空手道”绝杀技

目前只发现了泰坦巨鸟的部分骨骼，人们很难推断出这种鸟的生活方式。幸运的是，科学家可以通过研究泰坦巨鸟的近亲来找到答案。骇鸟至少有18种，现在都已灭绝。有的达3米高。一些研究过泰坦巨鸟骨骼形状的科学家认为，泰坦巨鸟和猎豹跑得一样快！估计它是用自己粗壮的后肢，以致命的“空手道”踢法踢死猎物的。

认识一下巨猿吧！

步氏巨猿

从巨猿的名字就能判断，这是个块头很大的家伙。事实上，巨猿是历史记录中最大的类人猿。巨猿的体形是雄性大猩猩的两倍，体重估计高达 300 千克！巨猿生活在亚洲，直到约 30 万年前才灭绝。

巨猿的现代近亲是体形较小的猩猩。

热带雨林是巨猿的家园。巨猿生活在茂密的森林里，在这里到处都是绿荫。

牙齿是用来咀嚼的

步氏巨猿的牙齿很大，下颌结实，强壮有力。步氏巨猿的咀嚼功能很强，可以轻松地嚼碎坚硬的老树枝。巨猿是植食动物，在森林的地面上寻找叶子、果实，甚至块茎。块茎是植物生长在土壤以下味道鲜美的部分。

竞争求偶

雄性步氏巨猿比雌性的体形要大得多。但是，雄性步氏巨猿必须经过竞争，获胜之后才有机会求偶。

信不信由你！

有些人认为，巨猿从未灭绝过……在北美还有一批幸存者！巨猿曾是北美土著人民间传说中的“大脚怪”。传说中大脚怪是一种巨大的类人猿，生活在北美的森林里。多年来很多人一直在努力寻找行踪不定的大脚怪，想拍到照片来证明它们是真实存在的。为此，曾经出现过一些恶作剧，但没有令人信服的证据。大多数科学家认为，大脚怪只是人们想象出来的。

你知道吗？

科学家首次发现的步氏巨猿化石竟然只是一颗牙齿，而且是在中国香港的一家中药店买到的！这颗牙齿非常罕见，科学家认为它属于一个全新的物种。那么，下一个重要的化石会在哪里被发现呢？

霍比特人

弗洛勒斯人

如果你读过托尔金写的《指环王》或看过相关的电影，你就会知道霍比特人，这是一种体形较小的、想象出来的类似人类的生物。但在故事书外，你相信现实生活中真的有这样的小矮人吗？比如，10 万—5 万年前，有一种小矮人叫弗洛勒斯人，生活在今天的印度尼西亚。他们身材不高，脚却很大。这让我们想起了故事中的霍比特人，因此这个人种就有了“霍比特人”的昵称！

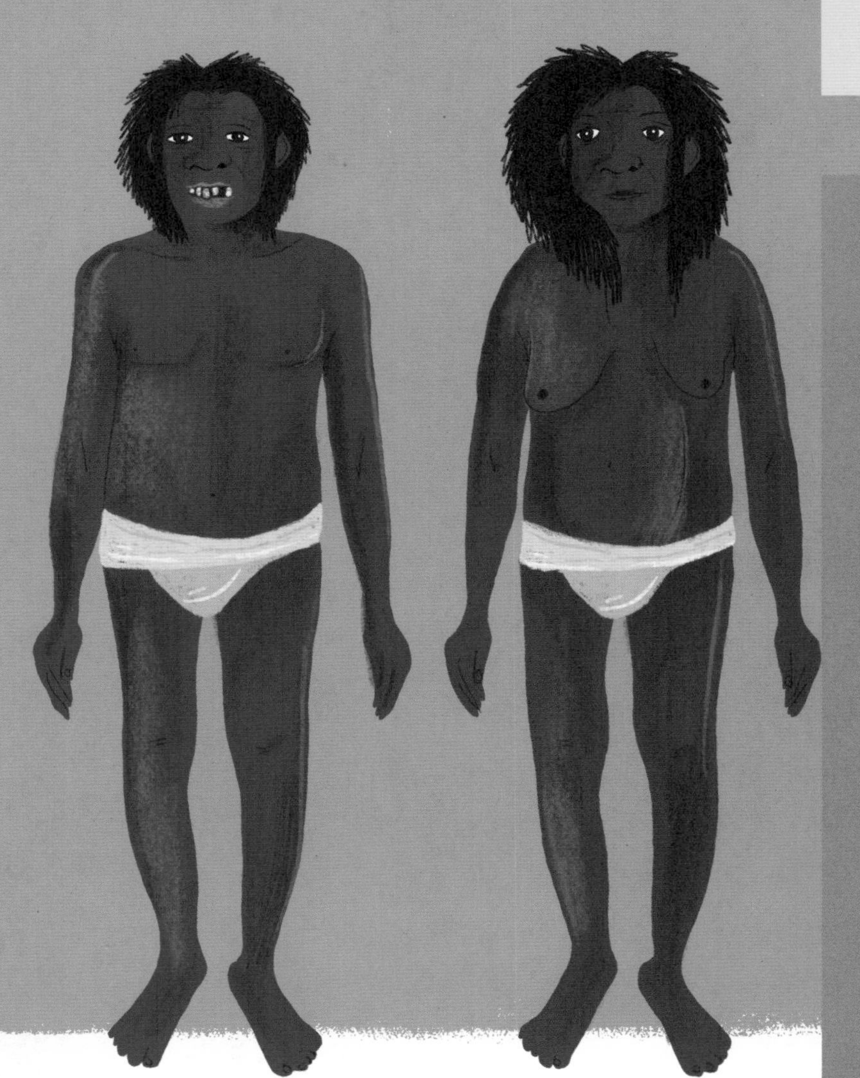

弗洛勒斯的小姑娘

2003 年，一队科学家在印度尼西亚弗洛勒斯岛的一个洞穴里进行考古挖掘时，发现了一具女性弗洛勒斯人的遗骸，这具人体骨架的化石几乎完整无缺。她身高约 1.1 米，大脑和下巴都比较小，牙齿较大，前额向后倾斜。

脑子小但很聪明

虽然弗洛勒斯人的大脑很小，但这并不影响他们聪明才智的发挥。在弗洛勒斯人骨架附近，科学家发现了一些石器。据推测，弗洛勒斯人很可能使用这些石器，捕食岛上的矮象和其他动物。

最凉爽的洞穴

弗洛勒斯人住在一个名叫梁布亚的洞穴里，梁布亚的意思是“凉爽的洞穴”！这个洞穴位于黄金地段。洞穴就像一座大豪宅坐落在山坡上，山下有一条河蜿蜒环绕。弗洛勒斯人一直生活在洞穴里，直到5万年前灭绝。不久后，智人迁入了梁布亚洞穴里。

是人类，还是非人类？

你可能从未听说过人类的学名，人类的学名是*Homo sapiens*（智人）。我们很幸运地成为今天唯一活着的人类，但是在过去，人属有很多人种。为了能更好地了解地球上所有的生物，采用俗名已经远远不够，因此考古学家又使用了学名。学名很有用，因为学名让我们了解生物是如何联系在一起的。每种生物的学名都是由属名（比如*Homo*）和种名（比如*sapiens*）组成的。亲缘关系较近的动物共享一个属名，但每一种生物的种名都是完全独一无二的。

人类是人属。考古学家对弗洛勒斯人争论了多年：弗洛勒斯人真的是人类吗？还是进化树上其他的物种呢？有些人甚至认为，弗洛勒斯人是患有侏儒症或者其他疾病的智人！经过大量的研究，目前大多数人都认为弗洛勒斯人是一个独有的人种。

岛上生活太反常

弗洛勒斯岛曾经是一个非常神奇的地方。1.8米高的巨鹳比站在一旁的小型弗洛勒斯人还要高一头！小矮人、小矮象和巨鹳——这会是一种巧合吗？可能不是吧！综合现在和过去的生活，我们可以知道，弗洛勒斯岛上可能发生过不可思议的事情，可能是由于这个地方很孤立，食物很有限，或者生物天敌很少。小型生物过去总是东躲西藏，苟活求生，如果岛上没了天敌，这些生物就会变得特别大。而像大象这样的大型动物需要大量食物才能维持生存，如果岛上的食物供应有限，那么随着时间的推移，它们就会变得越来越小。

西伯利亚独角兽

板齿犀

板齿犀曾经生活在今天的欧洲和亚洲，皮肤上可能覆盖着一层长毛，用来抵御寒冷。

板齿犀不像神奇的独角兽颜值那么高，但它的脑袋正中央确实突出了一个巨大的角！它是一种远古犀牛，重达 3500 千克，几乎是现代犀牛的两倍重。除了大角，板齿犀肩膀之间还隆起了一个大“驼峰”。板齿犀与猛犸象和人类为邻，直到 3.9 万年前才灭绝。

这类动物最喜欢吃又干又硬的草。不过对我们来说，这种草超级难吃！

擅长快跑

科学家认为，板齿犀能在草原上极速奔驰，也许这是为了躲避天敌吧。

古老的洞穴艺术

在法国的一个陡峭山坡上隐藏着一个名叫鲁菲尼亚克的洞穴，穴壁上有着世间最美丽的艺术品，人们认为这幅艺术品描绘的是板齿犀；这里也有 100 多幅猛犸象的图画。亲眼见证过这些冰河时代的野兽的人一定会终生难忘的。这件艺术品已经有成千上万年的历史了，不知道你的艺术品能不能保存这么久呢？

你知道吗？

现存的犀牛有 5 种，都是极度濒危物种。成年后，犀牛再也不会遇到天敌——除了人类以外！人类为了犀牛角大肆捕杀犀牛。犀牛角能入药或做装饰品。非法狩猎和杀害动物是偷猎行为，偷猎不仅违反了法律，也使这些动物面临灭绝的危险。

巨型蜥蜴

古巨蜥

你见过巨蜥吗？巨蜥是一种庞大的蜥蜴，牙齿非常锋利，爪子很长，是掠食者中的高手。现存最大的巨蜥是科莫多巨蜥，身长 2.5 米。而古巨蜥是科莫多巨蜥的两倍大！古巨蜥生活在澳大利亚，直到大约 5 万年前才灭绝。它可以长到 5～7 米长，重约 600 千克。

古巨蜥一口能把一个人整个吞下去！

罕见的发现

古巨蜥的化石非常罕见，目前还没有发现它的完整骨架。

古巨蜥体形巨大，两眼间长着一个可爱的小冠状物，不偏不倚刚好在正中间。通过研究化石的环境，我们可以对古巨蜥的生活喜好了解一二。古巨蜥可能栖居在各种各样的环境中，比如广阔的森林，或是一望无际的大草原。古巨蜥可能与它的现代亲戚一样，是一种伏击掠食者，也可能会攻击大型猎物。科学家在袋鼠遗骸附近发现了古巨蜥的化石。由此表明，袋鼠跳得速度可能还没有古巨蜥爬得快！

最大的有毒动物

世界上不仅蛇和蜘蛛有致命的毒液，一些蜥蜴的毒液也是致命的。科莫多巨蜥是地球现存最大的蜥蜴，它的咬伤非常致命。它嘴里长满了锋利的锯齿状牙齿，就像一套致命的牛排刀，毒液腺位于这些牙齿之间。它攻击猎物时，会将毒液喷射到伤口处，如果猎物成功逃脱，它只需耐心等待猎物身上毒液的毒性发作。因为古巨蜥是科莫多巨蜥的远古亲戚，所以古巨蜥也有毒液。由此可以推断古巨蜥是历史记录中最大的有毒动物！

你知道吗？

1859年，理查德·欧文描述了第一块古巨蜥化石。他是第一位给恐龙命名的科学家。

铲齿象

葛氏铲齿象

这些长相怪异的大象俗称“铲齿象”。葛氏铲齿象不仅没有现代的非洲象那么大，牙齿也和非洲象的不一样。葛氏铲齿象下颌拉得很长，前端并排长着一对扁平的下门齿，形状很奇怪，恰似一个大铲子。

名字有什么含义？

铲齿象学名的含义是“扁平的长牙”。

大约 1200 万年前，这些大象生活在现在的非洲和亚洲。

是铲还是切？

动物身体部位长得奇形怪状总是有原因的，要么是用来寻找食物，要么是在炫耀，要么是用来寻找伴侣，要么是用来保护自己。起初，人们怀疑葛氏铲齿象用它奇怪的铲齿，在它生活的沼泽地带挖掘美味的植物吃。但最近科学家认为实际上它的铲齿是用来切割食物的，它先用象鼻卷起树枝，然后再用铲齿把树枝切成薄片。

袋狮

剑子手袋狮

体形健壮的刽子手袋狮重达 130 千克，从头到尾长 1.5 米，看起来很像一只大猫。但是作为一种有袋动物，刽子手袋狮和所有猫科动物完全没有关系。有袋动物有育儿袋，是一种特殊的哺乳动物。袋狮虽然不是狮子，但也是可怕的顶级掠食者。刽子手袋狮曾是澳大利亚体形最大的食肉动物，直到 4.6 万年前才灭绝。

名字有什么含义？

刽子手袋狮学名的意思是“食肉的袋狮”！

捕猎方法有点弄混了

袋狮是独一无二的杀手，它的捕猎方式与当今任何掠食者都不同。比如，狮子先用爪子抓住猎物，然后再用锋利的牙齿咬死猎物。但科学家认为，袋狮与狮子的捕猎方法完全相反——它用牙齿咬住猎物，然后用爪子杀死猎物！

哎哟！

你知道吗？

刽子手袋狮化石最早是在澳大利亚被发现的，但这种动物最早却是由欧洲人于 1959 年描述的。

弗兰纳里探秘志

袋狮的“剩饭”

我年幼时交了一个年长的朋友，名叫莱昂内尔·埃尔莫尔，住在维多利亚西部的汉密尔顿，他和我一样对化石感兴趣。埃尔莫尔带我去看了很多化石。在一条泥泞的小溪里，我们发现了几十只巨型袋鼠的骨骼化石。几年后，我又回到了那里，挖掘了这个化石床。我惊讶地发现，许多袋鼠的骨头上都有长长的印记，非常独特。仔细研究这些骨骼化石之后，我意识到骨头上的印记只可能是袋狮巨大锋利的前臼齿咬下的。天哪，我居然无意间发现了灭绝的掠食者享用一场盛宴的“剩饭”！

平衡的尾巴

剑子手袋狮的尾巴与袋鼠的尾巴特征相似。因此一些科学家认为，动物重心在后肢上时，尾巴就起到了保持平衡的作用。

“刽子手”的拿手绝活

与刃齿虎的超大犬齿不同，刽子手袋狮的颊齿更大。颊齿是位于前牙和后牙之间的牙齿。试试看，从门牙往后数，就能感觉到哪些牙是你的颊齿了。刽子手袋狮的颊齿像剃刀一样锋利，以剪切的方式切割——和我们的完全不同！刽子手袋狮的杀戮“武器库”中还有另一个致命工具：足趾第一节上的大爪子。这些爪子就像猫的爪子一样，长着一层包衣，可以伸缩！一些考古学家认为这些爪子是用来分割猎物的。哎呀！刽子手袋狮还有一个超级强大的下颌，可能是所有动物中最强的下颌。有了这些必杀技，刽子手袋狮就能捕食大型动物，包括双门齿兽和巨型短面袋鼠。它很可能善于偷袭捕食，埋伏在森林里，等待大餐送上门。袋狮的两条前肢很适合爬树和跳跃，就像今天的一些大型猫科动物，用强有力的下颌把猎物拖到树上享用。

祖先是吃素的

信不信由你，袋狮是从植食动物进化而来的！这种植食性的祖先可能像负鼠，甚至可能是一种古老的袋熊或考拉。现代袋熊和考拉是袋狮现存的近亲。动物进化成新物种的原因有很多，有时生活环境发生变化，获得新食物来源的机会就会增多。

纳拉库特沃那比蛇

有一种超大的蛇，名叫纳拉库特沃那比蛇，生活在澳大利亚内陆，最长的能长到 6 米，是伏击型猎手，直到约 12000 年前才灭绝。

纳拉库特沃那比蛇会藏在水坑附近，伺机偷袭，给猎物来个措手不及。

纳拉库特沃那比蛇可能不是毒蛇，但它确实是致命的。它会用超强的挤压技能杀死猎物！它挤压得非常紧，可怜的猎物根本无法呼吸。等到猎物不再动弹时，它就会张大嘴巴，慢慢地把猎物整个吞下。这种猎杀方法被称为绞杀。一些现代蛇，如蟒蛇，就是这样杀死猎物的。

不咬你，挤死你

名字有什么含义？

沃那比蛇是澳大利亚原住民“梦世纪”传说中彩虹蛇的名字。不知道澳大利亚土著的祖先是否在这种不可思议的生物活着的时候就见过它？纳拉库特沃那比蛇的种名是以它被发现的位于南澳大利亚州的纳拉库特洞穴命名的。1969年，两名探险家勇敢地挤进一个非常小的洞口，发现了一个大惊喜！这个洞穴其实是一个“陷阱”。“陷阱”是指在地面上有一个隐藏的洞，可以通向更大的地下空间。四处游荡的动物可能会不小心掉进这个小洞里，然后困在下面的密室里。纳拉库特洞穴堆积了长达 20 多万年在这里遇难的动物的骨头，现在的洞穴里到处都是一层层的化石。这该多酷啊！

太酷了！

最大的有袋类动物

丽纹双门齿兽

这个笨重的家伙有 2 米高，3 米长，是曾生活在澳大利亚的一种大型动物。大型动物是指体重超过 40 千克的动物。丽纹双门齿兽是一种有袋类动物，就像刽子手袋狮和巨型短面袋鼠一样。有袋动物是一种用育儿袋携带幼崽的哺乳动物，可以联想到袋鼠和袋熊。事实上，丽纹双门齿兽的大小看起来和河马差不多，是在澳大利亚历史记录中发现的最大的有袋动物，大约在 4.4 万年前灭绝了。

名字有什么含义？

在希腊语中，双门齿兽的属名 *Diprotodon* 意思是“两颗前牙”。

弗兰纳里探秘志

因祸得福

20世纪70年代，一名12岁的小女生克丽·海因在她家附近的采石场发现了一块骨骼化石。想象一下，如果我们在自己住的地方附近发现了一块巨大的骨骼化石，会有什么感觉？克丽住在墨尔本附近的巴克斯马什，是由她的老师把化石送到博物馆去鉴定的。当时我17岁左右，是汤姆博士的志愿者。汤姆听到这个消息后很兴奋，带我去参观了采石场。我们到达之后，很快就在采石场里发现几十具犀牛般大小的丽纹双门齿兽骨架，于是我们设立了一个骨架重构计划。我们的团队大约有十来个人，挖掘这些骨骼是一项又脏又累的苦差事，得耗费好几个星期才能挖好。最后，我们挖出了成吨的骨头和岩石，等待搬运清理。其中，最重要的是一个几近完整的头骨，汤姆让我清理附着在上面的沉积物。这是一项精细的工作，因为这块骨头非常脆弱。我不小心在脑壳附近的一块细骨头上开了个洞，当时差点吓坏啦。我以为汤姆会生气，没想到他却很感兴趣。那个洞使头骨的大脑上方出现了一个空心的窟窿。我们原以为双门齿兽的大脑很大，但我意外发现，它的头骨中大部分都是空的。这种反应迟钝的生物大脑还没有我的拳头大。

吐露真相的牙齿

科学家可以从动物的牙齿中得知大量关于古生物进食的信息。丽纹双门齿兽一生一直在长牙，用牙齿咀嚼最喜欢的素食。通过使用特殊的牙齿检测设备，科学家可以观察到远古生物牙齿的化学特征。纵然丽纹双门齿兽全年饮食一直在变化，但这些特征可以让我们知道这种大型动物吃的是什么食物。一些科学家认为，丽纹双门齿兽喜欢随着季节的变化，从一个地方迁移到另一个地方。

谁吃了丽纹双门齿兽？

丽纹双门齿兽是一种大型动物，但它仍然要小心，以防成为别的动物的晚餐！科学家在它的骨头上发现了与剑子手袋狮的牙齿相吻合的咬痕。

奇怪的脚趾和育儿袋

丽纹双门齿兽的脚趾像鸽子的一样，是向内的，还有一个向后的大育儿袋。现代的袋熊的袋子是朝后的，这样当它挖东西的时候，泥土就不会掉进袋子里。但科学家认为，丽纹双门齿兽的体形过于巨大，不可能擅长挖掘。那么，为什么它也有一个朝后的袋子呢？答案就在这两种动物的祖先身上。我们知道，它们的共同祖先一定擅长挖掘，并且有一个朝后的袋子，丽纹双门齿兽把这一特征遗传了下来。

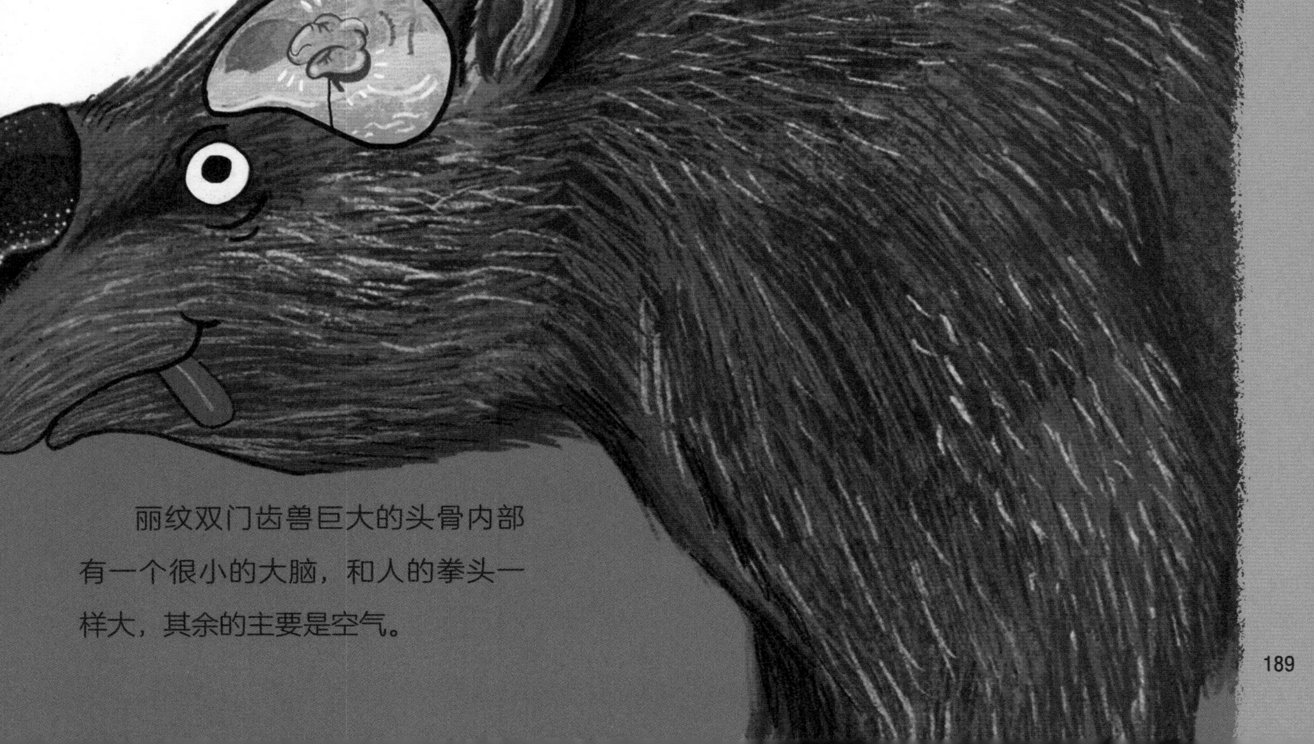

丽纹双门齿兽巨大的头骨内部有一个很小的大脑，和人的拳头一样大，其余的主要是空气。

天哪，你的牙齿好大啊！

致命刃齿虎

这种大型猫科动物是一种令人畏惧的猎手，在1.5万年前生活在北美。它的体重几乎是现代雌狮的两倍，肌肉也要发达得多。但是刃齿虎的特别之处并不仅仅在于它的强壮，还有它那惊人的长虎牙（犬齿）。这些牙齿长达18厘米，像刀一样长在刃齿虎下巴的两侧，大到连刃齿虎的嘴巴都塞不进去！

人类也有虎牙，它们位于4颗门牙的两侧。试试看，感觉一下小虎牙吧，不到1厘米长！再算一下，一颗刃齿虎虎牙的长度约是人类虎牙的18倍。

致命的“刃齿”

刃齿虎利用“刃齿”可以捕食大型植食动物，比如野牛或骆驼。刃齿虎隐藏在丛林中，一旦抓到机会，就会猛扑过去！它用大爪子压得猎物动弹不得，又长又尖的“刃齿”能一招致命。

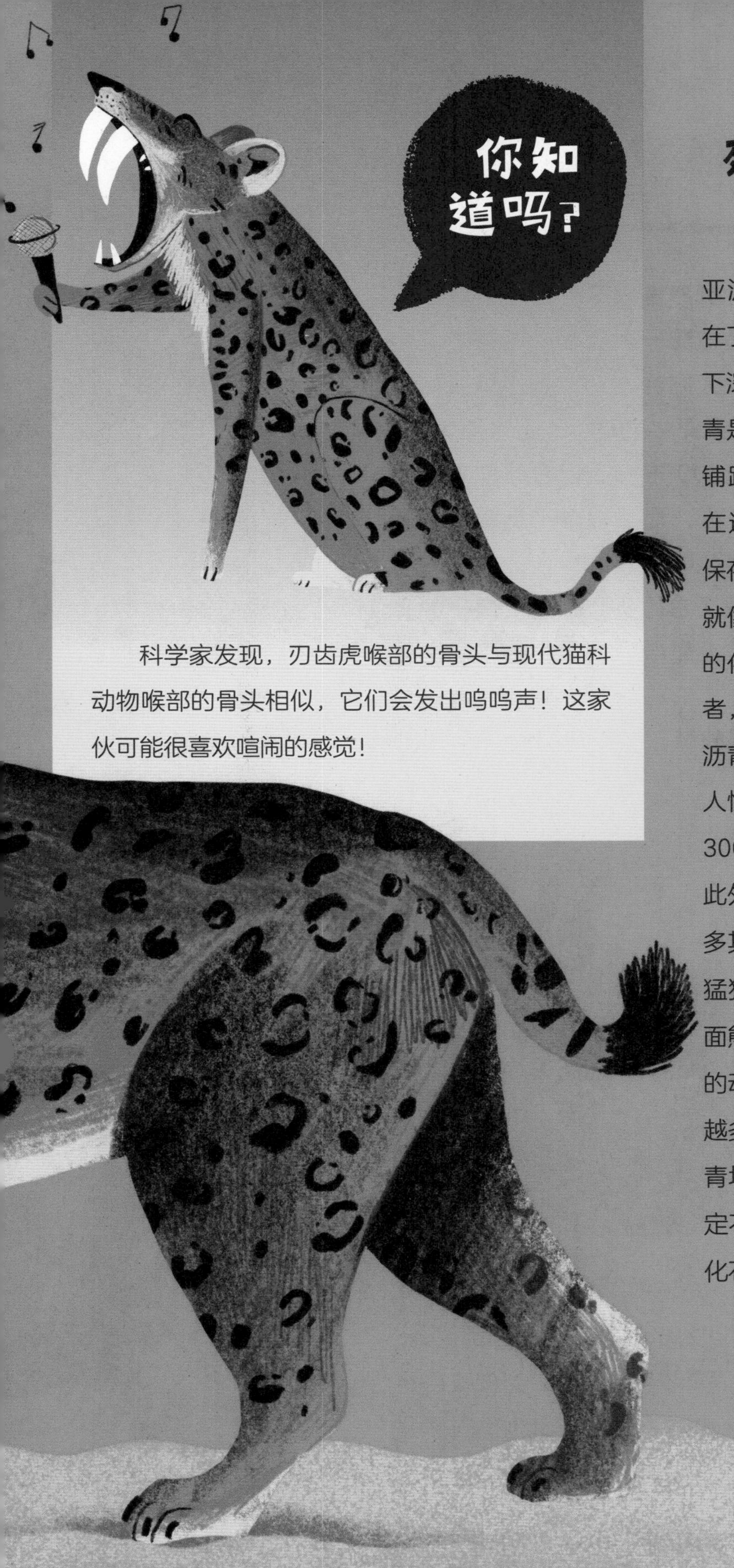

科学家发现，刃齿虎喉部的骨头与现代猫科动物喉部的骨头相似，它们会发出呜呜声！这家伙可能很喜欢喧闹的感觉！

死在沥青坑里

在美国洛杉矶有一个叫拉布雷亚沥青坑的地方。这些坑已经存在了数万年，是由焦油或沥青从地下深处自然渗透到地表形成的。沥青是一种黑色的黏性材料，常用来铺路。有时动物很不幸，会被困在这个黏糊糊的坑里；焦油就会保存所困动物的骨骼，因此这些坑就像“时间胶囊”。大型猫科动物的化石是很特殊的，作为顶级掠食者，它们的数量并不多。拉布雷亚沥青坑是一个非常特殊的地方，令人惊讶的是，科学家在这里发现了3000多具大型猫科动物的骨架。此外，人们在沥青坑里还发现了许多其他奇特有趣的动物骨架，包括猛犸象、地懒、恐狼、美洲狮和短面熊。随着时间的推移，困在坑里的动物越多，骨骼也就慢慢积累得越多。直到现在，一些拉布雷亚沥青坑依然很活跃，如果去参观，一定不要离得太近，小心自己也变成化石！

哟！
真神奇啊！

长毛犀牛

披毛犀

这种厉害的犀牛为抵御严寒做足了准备。它体表长着毛茸茸的皮毛，像是披着一件暖和的毛外套。生活在冰河时代末期的亚欧大陆的北部，是板齿犀的近亲。披毛犀和它现代的近亲犀牛一样，头上有两个角，体重也差不多，达到了 2300 千克。但它的前角比后角长得多，最长可达 1.4 米，而且很像一把扁平的圆锥形的刀。现在活着的犀牛的角要圆得多。行走的时候，披毛犀可能会左右摆弄它的头，用这些扁平的鼻角把路上的积雪刮开。披毛犀与现代犀牛的不同之处不仅在于它的皮毛和鼻角，它的肩膀之间还长着一个隆起的大“驼峰”，也很独特。

有趣的事实

人们第一次发现披毛犀的鼻角化石时，还以为是巨鸟的爪子。

小耳朵和小尾巴

从木乃伊化的残骸中可知，披毛犀的尾巴和耳朵是相当小的。许多生活在寒冷环境中的动物耳朵和尾巴都很小；因为部位越小，离身体越近，就越容易保暖。当皮肤会在寒冷的环境下结冰时，大耳朵和长尾巴也更容易冻伤。

牙齿上留下了证据

根据化石中牙齿上残留的食物，我们可以确定披毛犀的饮食爱好，它们喜欢吃草和苔藓。在一头木乃伊化的披毛犀的胃中也发现了小树枝。这种犀牛是一种典型的植食动物，它的头总是向下倾斜，所以它走路时可以咀嚼下面的绿色植物。

“木乃伊”披毛犀

就像猛犸象一样，一些披毛犀的遗骸也在永冻土层被完好地保存下来。动物在冷冻之后，身体柔软部分可以保存数千年。这叫作“木乃伊化”，这种情况会在非常寒冷或非常干燥的环境中发生。一种灭绝动物的木乃伊化现象极其罕见，这样的发现可以给科学家提供大量信息，更好地了解某种已灭绝的生物。我们不仅可以研究动物的骨骼，还可以看到它的体形，甚至它的毛发和内部器官。这就让我们对这种动物的外形和生活方式有了更多的了解。2014 年，一个猎人在俄罗斯西伯利亚发现了一只幼年披毛犀遗骸。这只小犀牛只有 7 个月大，科学家给它取了个昵称叫“萨莎”！萨莎身高 1.5 米，身上还覆盖着一层保暖的皮毛。

我们祖先的邻居

尼安德特人

纵观生命的历史，我们的星球上已经发现了多种不同的人种。与我们人类亲缘关系最近的是尼安德特人。尼安德特人生活在大约 30 万—2.8 万年前，在现在的亚欧大陆活动。尼安德特人和我们的祖先生活在同一时期，想象一下，有一个尼安德特人做邻居，那会是什么样子？尼安德特人身体结实，身高 1.5～1.7 米。尼安德特人身材矮小而强壮，可以抵抗寒冷，很适合生活在冰河时代。尼安德特人的额头突出，鼻子又大又宽，下巴很小。一些尼安德特人有红头发，皮肤是浅色的，甚至还长雀斑。

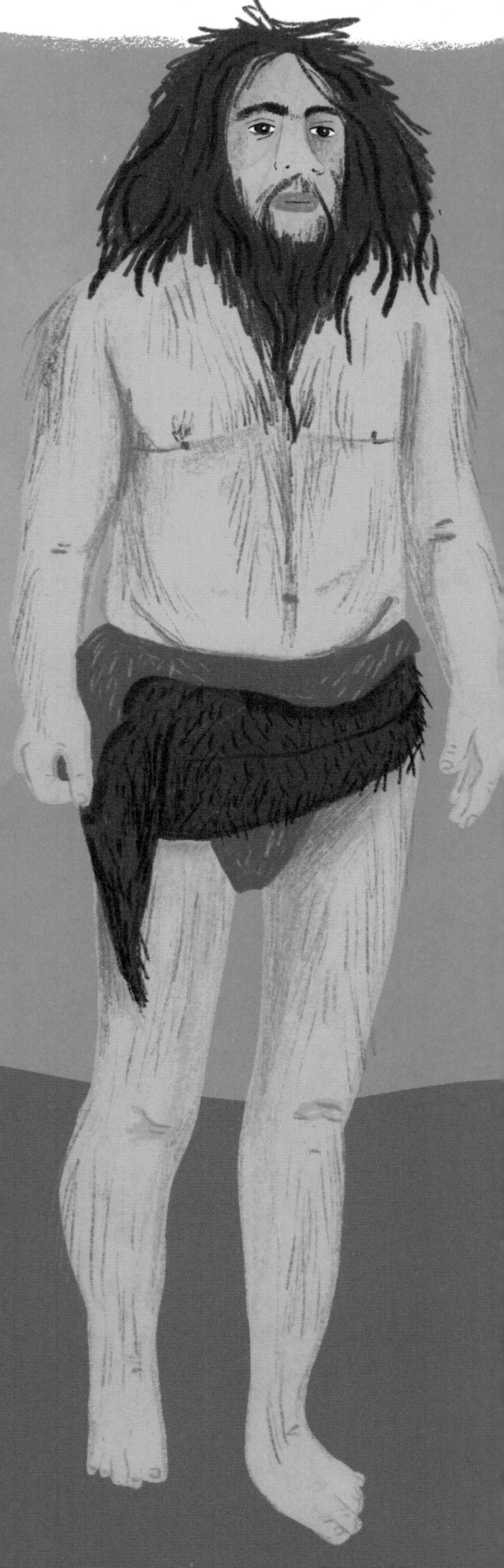

名字有什么含义？

尼安德特人学名 *Homo neanderthalensis* 的意思是“来自尼安德特山谷的人”。1829 年，在德国的尼安德特山谷首次发现了尼安德特人化石，但几十年后人们才认识到这一发现的重要性，直到 1864 年尼安德特人才作为一个新物种得以命名。后来，在亚欧大陆发现了成千上万的尼安德特人化石，包括成年男性、女性和儿童。

荤素通吃

尼安德特人的饮食非常多样，但主要吃肉。尼安德特人能猎杀大型动物，比如猛犸象！他们也吃植物、真菌、贻贝和海豹。

你有尼安德特人的血统吗？

你很可能有尼安德特人的部分血统！我们的祖先当时和这些邻居肯定非常友好，因为今天活着的人类平均有 2% 的 DNA 与尼安德特人相同。当两只动物交配，繁殖后代时，它们双方各自把具有遗传信息的 DNA 传给后代。DNA 非常小，存在于我们身体的每一个细胞中。DNA 携带着所有关于生物的外观甚至行为的信息特征。这些信息特征代代相传。想象一下，我们有一个尼安德特人的亲人，那会是什么情况？

一点儿都不笨

尼安德特人以“野蛮的穴居人”而闻名，所以我们很可能会认为他们不是聪明的人类。一位考古学家甚至提议，让我们把尼安德特人叫作“笨蛋”！还好，我们没有那样做，因为他们一点儿都不笨。事实上，尼安德特人非常聪明。有证据表明，尼安德特人有复杂的文化行为，这些行为包括使用石器狩猎大型动物、有节制地使用火、穿毛皮斗篷、使用颜料（油漆）、埋葬死者，甚至制作珠宝，等等。

这是最后一种

拉普拉塔箭齿兽

拉普拉塔箭齿兽强壮的身体直通通的，像桶一样，长着大鼻孔，足上有蹄。这种哺乳动物在南美洲热带雨林生活了大约 4 万年，直到 1.1 万年前才灭绝。实际上，它和人类同时存在。想象一下，撞上这种野兽会是什么情况？拉普拉塔箭齿兽是最后一种灭绝的南方有蹄类动物。现在它所有的近亲都已灭绝。我们现在知道，它是现代有蹄类动物的近亲。

你知道吗？

水生动物主要生活在水里。陆生动物主要生活在陆地上。

有趣的事实

有蹄子的动物叫作“有蹄类动物”，包括马、犀牛、骆驼、猪、河马、山羊和鹿等。

犀牛大小的啮齿动物？

在我们看来，拉普拉塔箭齿兽看起来并不奇怪。但是，科学家发现它之后，却把自己给难住了。哪些动物是它的近亲呢？著名的科学家查尔斯·达尔文不仅给我们带来了“进化论”，也是最早发现这种箭齿兽骨骼化石的人之一。1833 年，达尔文从一个农民手中购买了一块头骨化石，他把这块化石叫作“迄今为止发现的最奇怪的动物之一”。由于它怪异的形状和终生生长的牙齿，达尔文认为自己可能发现了世界上第一只犀牛大小的啮齿动物，还认为这种动物生活在水中，就像现代的河马和海牛一样。我们现在知道，箭齿兽是生活在陆地上的。

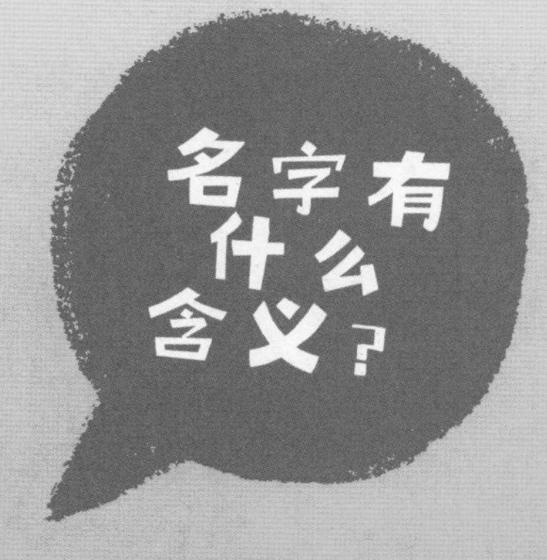

箭齿兽属名 *Toxodon* 的意思是“弓形牙齿”，因为它的牙齿是弯曲的，很有趣。这些牙齿一生都在长，就像兔子的一样！箭齿兽用这些弯曲的牙来啃食叶子、嫩枝。

一种大地懒

泛美地懒

树懒一生都生活在高高的树上，人们之所以认为它懒惰，是因为它通常行动太慢了。现在世界上有 6 种树懒，都长着可爱的人形小脸，像电影里的外星人！现存最大的树懒体重不超过 10 千克，和一只小狗差不多大。过去有数百种树懒，包括泛美地懒在内的几种大地懒。地懒生活在南北美洲，直到约 1.1 万年前才灭绝。最大的地懒（像泛美地懒），可以长到 6 米长，和一头成年公象一样重！

成为一只树懒就会变得懒惰、反应迟钝、效率低下。我可不想有这样的名声！

全靠爪子过日子

泛美地懒的四肢很粗壮，每只大足掌上有 5 根爪趾。其中 4 根爪趾末端是巨大的爪子。迄今为止发现的这种地懒最大的化石爪之一长达 43 厘米，几乎和人类新生儿一样长！但别担心，这些爪子不是用来猎杀其他动物的，而是用来防御的。泛美地懒是一种友好的巨型动物，喜欢咀嚼植物，也会用巨大的爪子把高树上的叶子扯下来。

哟！真神奇啊！

一些大地懒穿着防护甲，就像骑士！地懒的背部和肩膀周围是骨盘，保护它们免受天敌的侵害。

人类狩猎树懒吗？

从骨骼化石和周围的环境中往往会有意想不到的发现，比如发现动物是如何生存或死亡的。在南美洲，有一个古老的“杀戮现场”，人们在一把人造的屠刀旁发现了一具大树懒的骨骼化石，由此推出人类很可能在南美洲猎杀地懒，甚至还导致地懒灭绝。

神奇的发现！

20 世纪 20 年代，在美国，一群探险家偶然发现了一只木乃伊化的地懒，这是他们终生难忘的一次发现。这种地懒叫作“孽子兽”，和熊差不多大，保存完整，部分肌肉仍完好无损。这只可怜的动物跌跌撞撞地掉进了地上的一个坑里摔死了，地懒尸体躺在这个坑里也受到了保护，既没有食腐动物的伤害，也没有风雨的侵袭。这具“木乃伊”是在今天的沙漠中发现的，这种干燥的环境非常有助于尸体的保存。幸运的是，它的旁边保存着一大坨粪便，由此我们知道它吃什么植物！这具“木乃伊”今天在美国康涅狄格州的耶鲁大学皮博迪自然历史博物馆展出。

化石宝藏

在厄瓜多尔，有一个叫作坦克洛马的地方，那里有一座可以追溯到大约 2 万年前的化石宝库。在同一时间点，至少有 22 只树懒在这里死亡。那么你认为，为什么这些毛茸茸的动物会在一起？是因为它们喜欢彼此的陪伴，还是因为它们都渴得要命，死在干涸的水坑边？除了大树懒的尸体，人们还发现了大量的树懒便便——啊！这些行动迟缓的生物很可能没有任何的卫生常识，在供水系统中拉屎，弄得臭气熏天，直到水里都有毒了，自己害了自己！

巨型短面熊

熊齿兽

如果你今天到树林里来，你一定会大吃一惊！也许不仅是今天，1 万年前的北美的树林中，巨型短面熊可能也会让你大吃一惊。它是一种长着短鼻子的大熊，大多数重约 900 千克，但有些可达 1200 千克，是普通灰熊的 3 倍重。它用四肢行走时，能与成年人对视，但用后肢站立时，个头能达到一辆大卡车那么高。

这种熊可能是北美历史记录中最大的陆生哺乳动物。

一点儿都不挑食

一些科学家认为，巨型短面熊不是单纯的食肉动物，它们在饮食上更灵活，既吃植物，也吃动物，属于杂食动物。杂食动物是机会主义者，它们有什么吃什么。当自己最爱的食物很难找到时，有备用餐就成了生存下去的一大优势！

远古时代的高级武装

棒尾星尾兽

棒尾星尾兽这种远古动物满身“盔甲”，全副武装，随时都会大战一场。要想制服这头野兽谈何容易，它圆润的身躯上披着最坚硬的盔甲。除了坚硬无比的外壳和头上骨质的甲壳，它还长着一条狼牙棒似的尾巴，也是一件厉害的武器！它与现代犰狳有亲缘关系，但它比现代的犰狳要大得多，长 4 米，重 1400 千克。就像现代犰狳一样，它可以用两条后肢站立进食或四处张望。它生活在北美洲和南美洲，以植物为食，直到 7000 年前才灭绝。

名字有什么含义？

在拉丁语中，棒尾星星兽的种名*clavicaudatus*意思是“杵状的尾巴”。

重量级拳击手冠军

小心，一条致命的尾巴正向你扫来！棒尾星尾兽尾巴上的一些盔甲盾板结合在一起，因此它可以像挥动致命的狼牙棒一样摆动尾巴，击中任何够得到的东西。它可能用这种武器来防御天敌，比如恐鸟。有趣的是，人们发现一些棒尾星尾兽的外壳曾被棒状尾巴刺中过。这就是说这种星尾兽用尾巴与同类互相争斗！也许是为了争夺领土、食物或配偶。

巨河狸

俄亥俄大河狸

俄亥俄大河狸可长到 2.2 米长，比一般篮球运动员还高；可达 125 千克重，比大丹犬还重！现存的大多数啮齿动物都是小型动物，像大鼠、小鼠、仓鼠、豪猪和松鼠。啮齿动物喜欢啃食，是非常典型的群居动物，约占当今世界所有哺乳动物物种的 40%，除了在南极洲，世界各地都有发现。这种巨河狸与现存的小型河狸有点不同，虽然都有一条长尾巴，但这种巨河狸的尾巴没有那么平，也不是很宽。

俄亥俄大河狸是远古时期地球上最大的啮齿动物。

大板牙

位于口腔前部上下的 4 颗牙齿叫作门牙。由于啮齿动物喜欢啃食，它们的门牙通常很大，而且终身在长，能长到 15 厘米！现今的河狸经常用大牙啃木头，通过建造水坝和巢穴来改变环境布局。

小脑袋

就体形而言，巨河狸的脑袋相对于它的身体要小得多，但比现代的河狸脑袋大。科学家认为巨河狸不会用大牙齿咀嚼木头、建造水坝。

臭臭的池塘家园

巨河狸一生中大部分时间都喜欢在池塘和湖泊中度过，尤其是靠近臭沼泽的池塘和湖泊！俄亥俄大河狸可能以水生植物为食。

啊，这里好冷！

真猛犸象

这种巨大的多毛动物生活在非常寒冷的冰河时代，当时周围的冰比今天多得多。然而，真猛犸象根本不会担心，因为它长着全世界最暖和的皮毛！世界上大约曾有 10 种不同的猛犸象，真猛犸象是最后灭绝的。它最喜欢吃草，生活在北欧、亚洲和北美，直到大约 1 万—4000 年前才灭绝。真猛犸象可以长到差不多和非洲象一样大。

有趣的事实

猛犸象必须不惜一切代价来保暖，除了它们的耳朵相对较小，它们还有各种各样的适应能力。信不信由你，猛犸象用自己的小尾巴来盖住肛门，以防身体热量流失！

猛犸象与大象的关系

猛犸象与大象有亲缘关系，但它们有几个重要的区别。猛犸象长有超长的弯象牙，斜着背，毛茸茸的皮毛非常厚实。但并不是所有的猛犸象都是那么大块头，有一种矮猛犸象还没有马大！

生态系统的“工程师”

生态系统是在一个特定环境中，生物群落与其非生物环境相互作用形成的动态平衡系统。猛犸象是一个特殊的群体，设计了自己的生态系统。猛犸象生活在非常寒冷的环境中：地面很容易结冰，雪常年覆盖地表。为了让草露出雪地，便于进食，猛犸象用长而弯曲的象牙作为雪犁，把雪铲到一边吃草，而且这有利于地面暴露在阳光下，新草得以生长。它们犁雪地吃草所创造的生态系统叫作“猛犸草原”。

小耳朵

尽管猛犸象体形巨大，但它们的耳朵却小得惊人。这些小耳朵专门为了适应寒冷的环境而生。“适应”是指动物的身体或行为随着时间的推移而发生变化，以使动物更好地生存。猛犸象的耳朵越小，体温散失得就越少，这对于北极地区的生活非常重要。相反，今天的非洲象耳朵特别大。在非洲炎热的天气下，非洲象会通过扑扇耳朵来帮助自己降温。

与人类的关系

人类和猛犸象并肩生活了几千年，这种巨大的、多毛的猛犸象确实给人留下了深刻的印象。关于猛犸象的古代艺术品比比皆是，比如一些令人叹为观止的绘画和雕塑。尽管猛犸象体形巨大，但人类还是捕杀了它们——我们知道这一点是因为在发现的猛犸象头骨上有被屠宰的痕迹，人类甚至用猛犸象的骨骼来盖房子！

令人震惊的远古艺术

1994年，科学家在法国发现了肖维洞穴，洞里的古生物艺术堪称世界最美。大约3万年前，一位才华横溢的远古艺术家在那里画了许多猛犸象。从这些艺术品以及其他类似的艺术品中，我们可以了解猛犸象和其他古生物的样子。除了外表，我们有时还能了解它们的行为。洞穴里有一个画面极其吸人眼球，一头现已灭绝的犀牛与另一头犀牛正在角斗！你能想象自己偶然发现了这样一个洞穴，然后成为数万年来第一个亲眼见证远古艺术的人吗？

一具幼年猛犸象木乃伊

皮肤和器官等动物身体柔软部分的化石是我们了解一种生物最好的化石，这种化石叫作“木乃伊”，就像古埃及的木乃伊一样！不幸的是，生物死后几乎不会自然形成木乃伊。随着时间的推移，身体会分解，只剩下坚硬的骨头或外壳。但是，如果这种生物生活在非常寒冷或干燥的气候中，那么就会很幸运，因为这两种环境有助于木乃伊的形成。信不信由你，我们已经在俄罗斯冻土里发现了几具猛犸象木乃伊。保存最完好的是一具幼年猛犸象木乃伊，这头猛犸象生活在大约3.9万年前，它的一些内部器官、血液、皮毛，甚至它最后的一餐都保存了下来！不知还有多少猛犸象木乃伊藏在冰里呢？

猛犸象能复活吗?

灭绝听起来是永久性的，对吗？不一定。一些考古学家认为，让猛犸象从灭绝中复活只是时间问题，这叫作“反灭绝”。

“反灭绝”是可能的，因为猛犸象的部分组织在低温中保存得非常好，我们可以找到一种叫作 DNA 的特殊分子。DNA 很小，存在于生物体内，保存着构成身体每一个部位所需的指令，从头发颜色到脚的形状，地球上的每一种动植物都有自己的 DNA，我们可以使用实验室中的特殊设备来提取生物的 DNA。DNA 在生物死亡后不会保存很长时间，它很容易分解，但在非常寒冷的环境中却可能保存完好，比如猛犸象生活的环境。来自世界各地的科学家一直都共同致力于“猛犸象”项目研究，试图找到猛犸象的所有 DNA，然后尝试让它起死回生！就在此时此刻，在我们阅读这本书时，科学家正在努力让一头猛犸象起死回生呢。

你知道吗？

科学家通过数猛犸象象牙上的圆圈纹，计算它活了多少岁，就像数树的年轮那样！

世界上最高的鸟

北方巨恐鸟

我们可能听说过新西兰有一种不会飞的鸟，它叫几维鸟，看起来有点像一个毛茸茸的足球，它不是特别大，身长只有 45 厘米。但你会惊讶地发现，毛茸茸的小几维鸟却有一个已经灭绝了的巨大近亲。就在 600 年前，这种不会飞的巨鸟在新西兰到处游走。（我所说的巨鸟指的是北方巨恐鸟，它是世界上最高的鸟。）它高达 3.5 米，比两个成年人叠起来还高。它的身体庞大，肢体很结实，脖子很长，脑袋很小。它的羽毛长达 18 厘米，有白色、黑色和棕色的。

北方巨恐鸟的属名是 *Dinornis*。

会说话的化石

这是只可怕的野兽，还是只温和的巨鸟？尽管恐鸟体形庞大，但它并不可怕。有些恐鸟在人类发现之时是木乃伊的状态，因此我们可以研究它胃里的食物，结果发现它是植食动物，它吃叶子、浆果和小树枝。它长得很高，可以够到树上最高的叶子。

是我们人类的错吗？

1500 年，恐鸟在新西兰灭绝，从化石的角度来看，年代并不是特别遥远。然而，人类恰好在同一时间到达新西兰岛，很有可能是人类的过度捕猎导致了恐鸟的灭绝。

奇怪的一对

多年来，人们认为雄性和雌性恐鸟是完全不同的物种。这是因为雌鸟长得比雄鸟高两倍，重量几乎是雄鸟的3倍！有可能一只雌性恐鸟身边会有一群雄鸟来照顾它们的孩子。当同一种动物的雄性和雌性看起来差异很大时，就叫作“性别二态性”。另一种雌雄体形迥异的动物是深海鮟鱇（ānkāng）鱼，雄鱼比雌鱼小20多倍！

这种巨鸟下的蛋和橄榄球一样大，但异常脆弱，因为它们的壳平均只有1毫米厚，所以，鸟妈妈坐在这些蛋上孵蛋时一定会格外小心，生怕压坏宝宝！恐鸟不仅做到了不让自己扑通一声摔下去，还在蛋周围小心翼翼地蜷伏身体，保护它的心肝宝贝。

恐鸟的克星

我们可能会认为像恐鸟这样大的鸟不会落入其他动物口中，错！其实还有比恐鸟更大的掠食者——哈斯特鹰，也叫“摩氏隼（sǔn）雕”，是世界上最大的鹰。这是一种能杀死恐鸟的巨鹰，体形比现存最大的鹰的两倍还大。哈斯特鹰会趁恐鸟毫无防备时从空中猛扑过去，用锋利的爪子紧紧抓住可怜的恐鸟，用喙杀死它。

袋鼠的祖先

歌利亚巨型短面袋鼠

歌利亚巨型短面袋鼠是一种长相奇特的袋鼠，生活在澳大利亚大陆上，直到 4.5 万年前才灭绝。今天，在灌木丛中发现的袋鼠都有长长的吻部，而巨型短面袋鼠的眼睛朝前，脸是扁平的，更像猴子的脸！另外它很重，几乎比现代袋鼠重 3 倍，是历史记录中最大的袋鼠，高达 2 米，重约 200 千克，比两名重量级拳击手加起来还要重！

哇！

栖息在干旱地带

这种短面袋鼠在澳大利亚大陆的干旱和半干旱地区生活得最自在。“干旱的地方”是指没有多少雨水的地方，那些地方土地干燥，没有很多植物生长，听起来像是一个生活极其艰苦的地方！

有趣的事实

歌利亚巨型短面袋鼠可能是“最大的袋鼠”！

到底会不会跳？

一些科学家认为，歌利亚巨型短面袋鼠可能不会跳跃——因为它太大太重，根本跳不起来。但还有一些科学家认为这种袋鼠能像其他袋鼠一样跳来跳去。如果是这样的话，它就是历史记录中最大的跳跃动物！与现代近亲相比，它的脚和脚跟更宽，它的大脚只有一个脚趾，趾头尖是长长的爪子；现代袋鼠的每只脚上都有 4 个脚趾。这种巨型短面袋鼠仅有的长爪子很厚，很像蹄子，应该能在遇到天敌时助它更快地逃走。

体形最小的宝宝

尽管歌利亚巨型短面袋鼠体形很大，但刚生下的宝宝不仅体形极小，身上还不长毛，这些小宝宝慢慢爬进母亲的育儿袋，在袋里吃奶长大。今天的袋鼠也是如此，刚出生的幼崽只有花生米那么大！

触手可及的美餐

歌利亚巨型短面袋鼠的前肢很长，中间两个手指的爪子很长，这些弯弯的爪子像钩子一样，非常有用，可以抓住高处的树枝，然后送进嘴里。从牙齿的形状可以看出，它喜欢吃树上的厚叶子，不喜欢吃草。

巨型动物怎么灭绝的？

有很多理论解释了像双门齿兽、巨蜥和巨型短面袋鼠等澳大利亚巨型动物灭绝的原因。一些科学家认为，人类到来后，进行了频繁的狩猎和生火等活动，从而导致它们灭绝。其他科学家认为是气候变化导致的。只有找到更多的化石才能知道答案！这样，我们就可以把化石范围缩小到最后一种灭绝的巨型动物，推算出它们到底是什么时候灭绝的，人类又是什么时候出现的，是不是同时出现的。我们还可以搜寻有人类狩猎痕迹的骨头，还可以研究人为的火是如何影响自然环境的。

弗兰纳里探秘志

寻找最古老的袋鼠

追踪袋鼠的进化过程是我博士研究工作的一部分，我去了南澳大利亚州的一个偏远的盐湖（这个盐湖几乎没水，满是盐），观察袋鼠刚开始进化时留下的沉积物。这些沉积物由黏土和岩石的微小碎片组成，沉积物不断被冲到湖底，积累起来便可以保存袋鼠的骨头。第一代进化的袋鼠很小，和老鼠差不多大，我希望能找到一具袋鼠骨架。

我在湖底慢慢地爬来爬去，一心一意地寻找蛛丝马迹。这里的苍蝇多得吓人，我的背露在水面上，有时感觉上千只苍蝇趴在上面，只要我一停下来，去观察湖底时，它们就像一大坨浓密的乌云，紧紧围着我团团转。

在大热天里趴在黏土上工作的确非常辛苦。我的膝盖和背部又酸又痛，眼睛落进了灰，再加上恼人的苍蝇，实在难受极了。经过几周的苦战，我终于找到了一小块骨头。它是一种远古袋鼠的脚踝，有火柴头那么大。我就找到这么一点，因此我有点失望，但是值得欣慰的是，通过研究这块骨头，我发现尽管这种动物不会跳跃，但是它的脚已经适应了当时地面上的生活。也许有一天我们当中有人会发现更多关于这种神秘动物的化石。

跳跃专家

大古原狐猴

大古原狐猴喜欢待在树上，能熟练地在树枝间荡来荡去，是有名的空中杂技演员。它天生就适合在高高的树梢上生活，长长的四肢可以抓住树枝，还有特别长的手指和脚趾，形状像钩子，可以紧紧倒挂在树枝上！

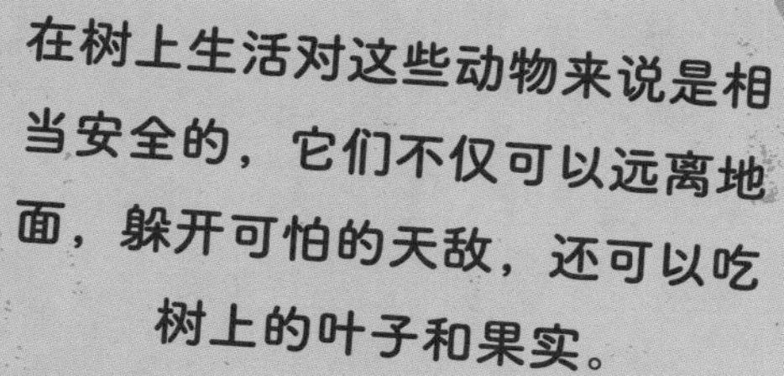

最大的狐猴

封氏古大狐猴

封氏古大狐猴确实很大，是历史记录中最大的狐猴。它能长到雄性银背大猩猩那么大！而大多数现代狐猴都还没有宠物猫大。尽管体形巨大，但它仍然喜欢爬树。它的前肢很长、很强壮，很适合攀爬。但它也能落到地面上，行走范围比现代狐猴更远些。封氏古大狐猴主要以叶子为食，但也可能吃水果、坚果和种子。

缺失完整的骨架

我们从未发现过一具完整的封氏古大狐猴的骨架，它的骨骼化石也很少有出土的。所以科学家不能确定它到底长什么样子。幸运的是，我们有了几块完整的头骨，还有一块颌骨、一块前肢骨和几块后肢骨。科学家能将这些骨头的形状与现代动物的骨骼进行比较。通过对比研究，他们就能估计出这种古大狐猴有多大，以及它是如何运动的。

灭绝

通过阅读这本书，你会意识到灭绝是地球生物进化的一个重要环节——一个物种死亡后，另一个新的物种会取代它。随着时间的推移，除了大灭绝时期，这个星球上任何时候的物种总数都保持在稳定的状态。大规模灭绝可能由许多事件和过程引起，包括小行星撞击、火山喷发和气候变化等。尽管灭绝在地球历史上发挥了很大作用，但在今天，我们有充分的理由阻止它继续发生！

生物多样性是一个地区植物和动物生命的多样性。从吃的食物到呼吸的氧气，我们在很多方面都依赖地球的生物多样性。否则，我们的生活将非常艰难！除了我们生存所需的东西之外，想想你希望生活在一个什么样的世界？

幸运的是，我们可以做很多事情来防止灭绝。第一步是了解濒危物种或面临灭绝风险的物种。我们对周围的世界了解得越多，我们就越能更好地保护它。观察一下你的花园或当地的公园，或者附近的野生动物园和自然保护区，数数你看到的所有动植物吧。如果你足够关注，你就会有惊人的新发现！在家里，你可以鼓励家人友好地对待来访花园的野生动物。你可以种植本土植物来吸引本地动物，并把你的宠物猫关在屋里，这样它就不会吓跑花园里的野生动物。你还可以减少对世界资源的占用，一个简单的方法就是回收。照顾好我们美丽的星球，仅凭这些还远远不够——我们还有很多东西需要学习、探索和发现。

考拉狐猴

马岛巨狐猴

这个长相怪异的家伙生活在马达加斯加岛，直到500年前才灭绝。马达加斯加岛是非洲东部的一个岛屿，那里有很多奇怪而奇妙的生物。在那里，遍地都是形形色色伪装的变色龙、肥嘟嘟的猴面包树，大量开有美丽花朵的兰花，还有到处游荡的狐猴。狐猴是一种生活在树上的灵长类动物，与猿、猴子和人类有亲缘关系！狐猴吻部比较尖，尾巴长，体形高大。目前，马达加斯加岛上生活着大约100多种狐猴，它们在世界其他地方都找不到。狐猴体形不同，大小不一，但没有一种像马岛巨狐猴那样与众不同。它又名考拉狐猴，因为它的行为更像考拉而不是狐猴。马岛巨狐猴身长1.5米，身体又短又壮，像考拉一样喜欢待在树上，抓住树不放。它重约50千克，而大多数现代狐猴的体重都不到10千克，因此这种狐猴便显得格外大！它和人类一样，白天活动，晚上睡觉。

食叶动物

食叶动物是指专门以树叶为食的植食动物。马岛巨狐猴就是一种食叶动物。它的下巴很发达，因此它在马达加斯加岛上能吃非常粗砺的树叶。

不是树上最聪明的狐猴

马岛巨狐猴的大脑相对于它的身体来说是很小的，所以它可能不是树上最聪明的狐猴。

1894年，人们首次发现马岛巨狐猴。它的头骨形状实在太罕见了，考古学家很难弄清楚它是否与其他动物有关系。它的吻部很发达，最不同寻常的是，它的眼睛长在头部两侧，而不是像大多数狐猴的眼睛那样朝前。

可悲的是，人类似乎与马岛巨狐猴的灭绝有关。人类大约在1.1万年前就来到了马达加斯加岛。他们很有可能捕猎巨狐猴而且开垦土地，因此周围环境发生了变化。可怜的马岛巨狐猴的栖息地逐渐减少。你相信在人类到来之后，马达加斯加岛上包括17种巨型狐猴在内的大约三分之一的灵长类动物都灭绝了吗？人为因素导致了世界上许多地方的动物灭绝，不仅仅在马达加斯加岛。可悲的是，直到今天，人类活动仍在导致动植物的灭绝。

懒狐猴

最知名的懒狐猴是封氏古大狐猴和大古原狐猴，因为它们长得有点像树懒，但是懒狐猴与树懒没有亲缘关系。今天的树懒是一种行动缓慢的动物，它们生活在高高的树上，以树叶为食，但也有已经灭绝的生活在地上的泛美地懒。

很久以前，在马达加斯加岛的森林里有 8 种懒狐猴，但没有一种存活至今。

懒狐猴是怎么灭绝的？

有的科学家认为，封氏古大狐猴直到公元前 350 年才灭绝，而大古原狐猴至少在 500 年前才消失，有可能比这更早。人类可能是导致所有懒狐猴灭绝的罪魁祸首。从一些古老的艺术品中就能看出端倪。2020 年科学家向全世界展示了一幅洞穴画，这是迄今为止唯一存在的已灭绝的巨狐猴画！在这幅画中，人类和狗似乎正在猎捕巨大的懒狐猴。

大嘴巴，小翅膀

南岛镐嘴秧鸡

南岛镐嘴秧鸡是一种大型的不会飞的鸟，生活在新西兰的南岛，大约 600 年前灭绝。它们是现代鹤的远亲，有着结实的肢体和向下弯曲的巨喙。因为它不会飞，所以它的翅膀非常小，小到可以隐藏在羽毛下面！它重约 18 千克，大致相当于一只中型狗的重量。

贝丘里的骨头

人们在毛利人的贝丘中发现了南岛镐嘴秧鸡的骨头。贝丘可以说是一堆古老的自然垃圾，是远古人类丢弃的废物。科学家们经常会在贝丘里发现骨头和贝壳。由此可得知人类过去经常吃这些巨鸟，从而导致了它们的灭绝。想象一下啃一只胳膊那么大的“鸡腿”是怎样的场景！

不寻常的进食方式

科学家认为镐嘴秧鸡用它超大的喙来啃咬腐烂的木头。这些木头里面还藏着美味的大蠕虫、蜥蜴，甚至小型哺乳动物。

科学家的故事

蒂莉·埃丁格

一个非常坚强的人

蒂莉·埃丁格是一个坚强的人，无论什么都阻挡不了她对化石的热爱！1897 年她出生于德国，是家里三个孩子中最小的一个。她很聪明，工作也很努力。为了满足了解古生物的强烈愿望，她克服了当时生活中的几个巨大障碍。第一个障碍是性别歧视。蒂莉在世的时候，大多数女性都无法学习科学，甚至连工作都没有！第二个非常大的障碍是种族歧视。蒂莉是犹太人，在第二次世界大战开始时，她生活在德国。在这场战争中，许多犹太人受到纳粹分子的迫害或被迫逃离德国。最后一大障碍是疾病。蒂莉年幼时患了耳疾，逐渐失去了听力。成年后，蒂莉几乎完全失聪，她发现与同事沟通很困难。尽管如此，蒂莉还是在她的职业生涯中表现出色，作为古生物学界最杰出的女性之一，蒂莉值得人们铭记于心。记住，向蒂莉学习，要有恒心和毅力，不能因一时的挫折和失意就让自己的梦想付之东流。

你知道吗？

蒂莉是首位担任古脊椎动物学会主席的女性。

好奇心成就一代学者

每个人都有自己的兴趣和专长。对蒂莉来说，大脑化石最能激发她的好奇心，多么有趣的专业啊！对大脑化石的研究也叫作“古生物神经学”。在蒂莉之前，很少有科学家使用化石证据来研究大脑是如何进化的，他们大多使用现代动物。人们普遍认为蒂莉是古生物神经学的奠基人，因为她是最早研究古生物神经学的学者之一。由于大脑太柔软了，因此很难发现大脑化石。但有时会发现大脑的模铸化石。这些模铸化石是在动物死后形成的。沙子或泥浆取代了大脑中的物质，久而久之就变成了化石。有时这种化石能保留大脑外部非常详尽的特征。这种现象叫作“颅内铸型”。通过研究颅内铸型，蒂莉发现了一些生物的大脑形状的奥秘，比如，马的大脑是如何随时间推移而变化的。她出版了包括《大脑化石》在内的100多本书和科研论文！蒂莉是一位杰出而受人尊敬的科学家，她毕生致力于古生物神经学研究。

古生物学先驱

蒂莉在1921年取得了博士学位。博士学位是大学最高级别的研究学位。取得博士学位后，可自称为“博士”。虽然“博士”和“医生”在英语里是同一个单词doctor，但这里不是指医生，而是指个人是所学领域的专家。博士学位结束时，你应该比世界上任何人都更了解自己的研究方向！她选择的研究对象是一种古老爬行动物的头骨化石，这种爬行动物在2亿多年前的海洋中游泳，叫作“幻龙”。蒂莉的父亲是一名医学研究员，他反对蒂莉把一生都奉献给学习或工作。在那个时代，女人这一辈子就指望着结婚生子，照顾家庭，但蒂莉不顾反对，坚决要搞研究。她非常渴望研究化石，甚至做了6年的志愿者！她最终在森肯伯格博物馆得到了一份非常好的工作，担任脊椎动物化石馆管理员。但在战前，博物馆和她周围的许多人都对她很不友好，尤其是纳粹分子。他们禁止她走博物馆的正门，甚至还摘下她的姓名牌。她最终被免职，并于1939年逃亡到英国。幸运的是，她能及时离开德国。不幸的是，她哥哥没能逃走，在战争中丧生。后来蒂莉进入了著名的哈佛大学，在那里她全身心地投入在化石研究中。

查尔斯·达尔文

敢为世界先的名人

在这本书中，我们了解了许多奇异而美妙的远古生物。但你有没有想过，为什么这些动物和植物化石与今天活着的动植物如此不同？你有没有想过我们是从哪里来的？科学家查尔斯·达尔文，是他给我们带来了答案。

在人类历史的大部分时间里，我们一直不确定人类是如何来的，甚至不确定地球的年龄。在过去，许多欧洲人认为自然界物种是永恒不变的，也就是说今天发现的动物和植物与过去的动植物是一样的。那时候，大家似乎对所有生命都连接在一个庞大的家谱——进化树上，这样的想法很陌生。

在科学界，直到查尔斯·达尔文的进化论出现，人类和我们周围自然世界的起源才得以揭示。进化论的思想是开创性的，它使得查尔斯·达尔文名留青史！

少年达尔文

1809年，查尔斯·达尔文出生于英国，他在六个兄弟姐妹中排行第五，母亲在他8岁时就去世了。他父亲是一名医生，希望达尔文长大后也能成为一名医生。然而从小到大，达尔文只对科学充满热情，他喜欢在森林里散步，观察动物和植物。

达尔文热爱学习，《世界奇观》是他最喜欢的书。他喜欢在自家花园里的工具棚里帮哥哥做化学实验。你做过化学实验吗？化学实验很有趣！他不愿意追随父亲的脚步学医，他并不喜欢上课，也不喜欢进行可怕的人体解剖。还没毕业，达尔文就离开了医学院，决定在剑桥大学攻读艺术学位。在完成学业后，他一心渴望着来一次冒险，不久他很幸运地得到了一个极好的机会——乘“小猎犬”号船远航！

“小猎犬”号探险之旅

达尔文就是在“小猎犬号”上，开始了他的进化论研究。从 1831 年开始，他花了将近 5 年的时间在这艘船上探索世界。你能想象自己在海上待那么久吗?“小猎犬”号从英格兰先后航行到新西兰、澳大利亚、南非和南美洲西北部的加拉帕戈斯群岛。这些地方彼此相距非常远，当时到达这些地方需要数周或数月。达尔文很忙，作为一名博物学家，他的工作就是收集并记录他所发现的所有动物、植物和岩石。他通过观察周围的世界学到了很多东西。他意识到陆地的形状在不断变化着。

在智利经历了一场可怕的地震后，他注意到脚下的地面已经上升了几米。这个现象为证明山脉在地质时期缓慢生长提供了证据，即山脉不是突然冒出来的！这一观察也让我们明白了人们为什么能在高高的悬崖顶上发现生活在海里的动物化石。在旅途中，达尔文敏锐地观察了动植物是如何与周围环境相互作用的。

参观了加拉帕戈斯群岛之后，他注意到每个岛屿都有独特的生物，而且这些生物都适应了自己的生长环境。他还收集了许多已灭绝动物的化石，包括地懒和巨型有蹄类哺乳动物箭齿兽。

物种起源的探讨

“小猎犬”号旅行结束后过了几年，达尔文写了一本书，取名为《物种起源》，这本书让我们对当今世界和早已消失的世界有了新的认识。

《物种起源》解释了新的动植物物种是如何出现的，还描述了动植物的进化过程。在这本书中，达尔文提供了许多进化论的证据，还解释了进化是如何通过自然选择发生的。

一举轰动全球！

《物种起源》一经问世，立刻风靡全球，成为畅销书！但并不是每个人都认可书中所说的内容。动植物随着时间的推移而发生变化，这样的观点以前从未有过，彻底颠覆了传统的认知。有些人一听到人类是从类人猿祖先进化而来时，甚至都气得火冒三丈。

当时，许多科学界的人对达尔文的新观点持否定和批判的态度，包括理查德·欧文。

你知道吗？

达尔文是一位杰出的科学家和思想家，因此，有数以百计的动植物物种都以他的名字命名。其中就有达尔文蛙，因为他在南美洲的智利发现了这种小家伙。另外，澳大利亚北领地的首府也叫达尔文！

进化论的灵感源自达尔文雀

达尔文关于进化论的一些证据来自他对加拉帕戈斯群岛的探索。这些岛屿是由海洋中火山喷发的物质一层一层累积，直到高出海面而形成的。这些岛屿最初形成时土地极其贫瘠，在岛上看不到任何动植物。

如今，生活在这些岛上的所有生物一定是从别处迁徙过来的，也有可能是飞过来的或附着在一根圆木上漂过来的。它们一到达岛上，就基本与祖先隔离了。

加拉帕戈斯群岛有 13 个主要岛屿。达尔文指出，作为一个整体，这些岛屿上缺乏不同的鸟类，但却有许多的雀类。雀是一种小型鸣禽。群岛上的雀类彼此之间都略有不同。有些雀的喙形状独特，适合吃某种特定的食物。

例如，地雀的喙很厚，适合吃坚硬的种子和脆脆的昆虫，而莺雀的喙很窄，适合挑出藏在树叶里的昆虫。达尔文意识到，这些雀类有一个共同的祖先，它们在各个岛上长久孤立从而进化出了新物种，这些新物种更好地适应了新环境。

一位伟大的科学家

达尔文的《物种起源》一书对自然科学做出了巨大贡献。他有许多伟大的想法，却也没有忽视小动物。他花了多年时间研究珊瑚、蠕虫，甚至藤壶。藤壶是一种海洋生物，与螃蟹有亲缘关系，需要附着在岩石、船底或某些动物的表面生活。这位伟大的、革命性的科学家于 1882 年逝世，享年 73 岁。

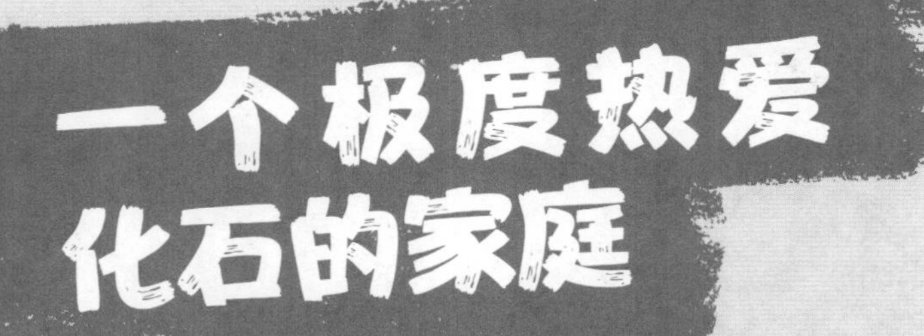

一个极度热爱化石的家庭

一封来自埃玛·弗兰纳里的信

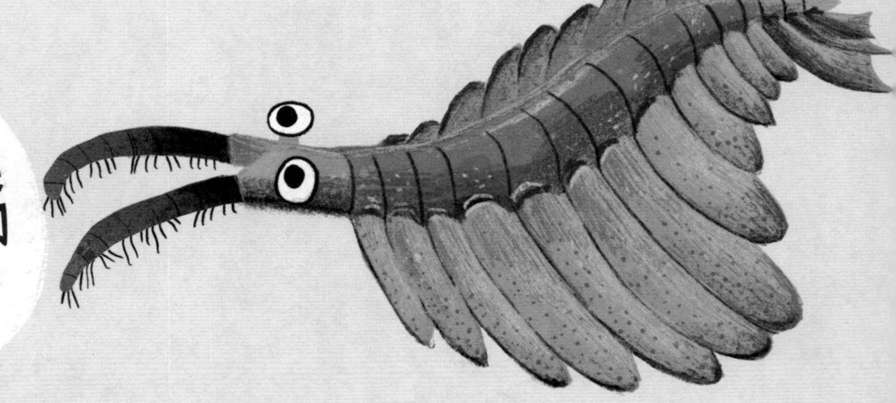

我们经历了一段多么美妙的时间之旅啊！我们见证了大量生命的出现和消逝，经历了气候的变化和灾难性的灭绝。

在前寒武纪时期，我们遇到了一些最初的生命形式，奇怪的叠层石和狄更逊水母。在古生代，像奇虾这样历史记录中最早的掠食者竟然会吃它的动物邻居。其他动物如怪诞虫，用长刺保护自己；以及鱼类，如邓氏鱼，穿着重型“盔甲”装饰自己。

如果这些都不足为奇的话，那我们遇到的巨大的奇妙的节肢动物呢？远古蜈蚣古马陆和海蝎子莱茵耶克尔鲎的体形可是比我们都大哦！此外，森林也让人觉得陌生，“大蘑菇”原杉藻比树还高。中生代迎来了历史记录中最早的恐龙——帕氏尼亚萨龙，并且没过多久，令人震惊的古生物就占领了陆地、天空和海洋。沧龙和鱼龙成为海洋霸主，翼龙统治着天空。最后来到新生代，哺乳动

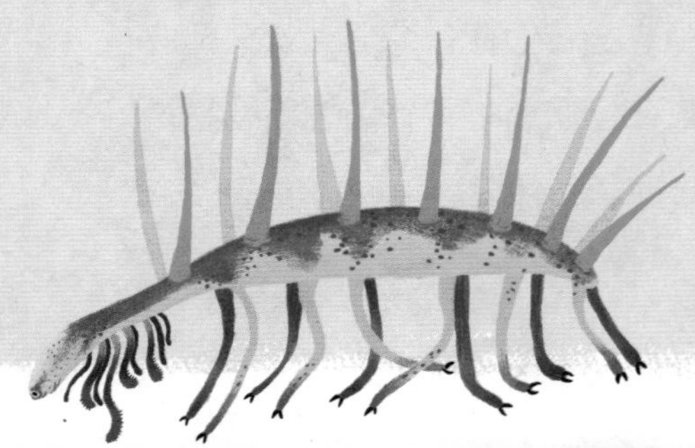

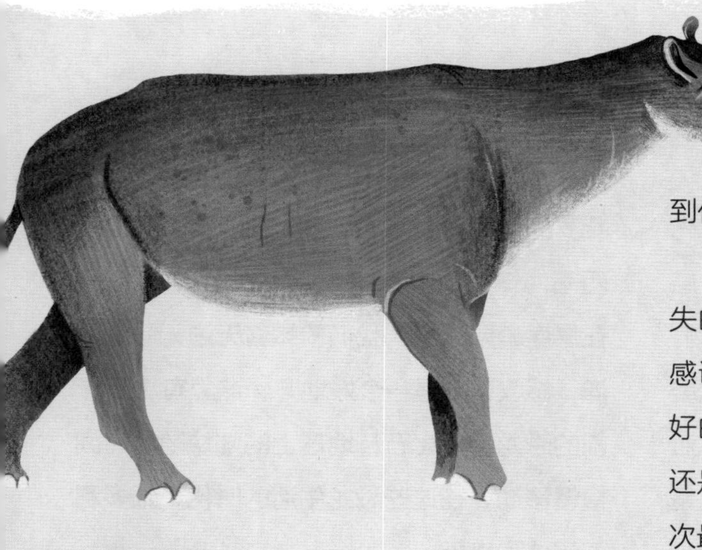

物开始繁殖。

包括巨犀和双门齿兽在内的许多远古异兽个头超大。有些是可怕的掠食者：刃齿虎等大型猫科动物长着刀一般锋利的牙齿，泰坦巨鸟等恐鸟有像斧头一样致命的喙。其他的异兽，比如披毛犀和猛犸象，有厚厚的毛外套来御寒。最后，我们遇到了一些与我们人类最近的亲戚：浓眉毛的尼安德特人和身材矮小的弗洛勒斯人。我们竟然已经发现了这么多化石宝藏。

从我记事起，我们家就患有“化石热”。如果你不熟悉这个“症状”，你肯定读不出这本书真正的味道，因为化石热会让你一看到化石就激动得颤抖。

发现那些曾经给地球带来魅力但早已消失的生物让我既高兴又着迷。我相信这要感谢我的父亲。我很幸运，拥有世界上最好的爸爸，我爸爸是蒂姆·弗兰纳里。我还是个孩子的时候，爸爸带我们去参加了一次最神奇的化石搜寻之旅，直到今天他仍然这样做。在我们全家一起度假的时候，我们总是会留心身边，因为我们永远不知道会在哪里找到化石。

你不需要去很远的地方寻找化石，就是在郊区也能发现奇妙的宝藏。

在我成长过程中，我们经常去维多利亚州墨尔本，那是我父母的家乡。我哥哥大卫和我都会花好几小时在海滩上搜寻。有一次在博马里斯的沙滩上，我记得大卫欣喜若狂地举起了一块 1000 万年前的鲨鱼牙齿化石。也是在那一趟旅行中，我发现了一块梦寐以求的心形海胆化石。

我认为，手中拿着化石就像是进入时光机，回到过去。当你拿着一块化石时，感觉就像抓住了一个生活在远古时期的生物，甚至都能感受到它的呼吸和脉动。当我凝视着一块化石时，我想知道这种生物的生活是什么样的。它在哪里、如何生活，又是如何死去的？

我 12 岁时，我们参观了新南威尔士州的惠灵顿岩洞群。这些洞穴位于一座老矿山里，在这里可以看到从墙壁里伸出来很多“澳大利亚巨型动物”的骨头！这是远古生物大荟萃的第一站，包括巨型短面袋鼠和巨型双门齿兽的洞穴。我们在惠灵顿发现了猩猩一般大的树袋鼠。树袋鼠就是一种生活在树上的袋鼠。爸爸以我妈妈的名字“葆拉”命名了一种树袋鼠，即葆拉树袋鼠（*Bohra paulae*）！

随着年龄的增长，我们对化石越来越着迷。我们走访了更多令人难以想象的化石产地。在我十几岁的时候，我们去了澳大利亚维多利亚州西南海岸的恐龙湾冒险。这个小海湾隐藏在悬崖峭壁之中，我们俯瞰着无边无际的海洋，感叹这真是一个好地方，这里有 1 亿年前的恐龙骨骼化石！地球上的陆块随着时间慢慢移动，在这些恐龙生活的时代，维多利亚州位于南极。

整个冬天，南极会有几个月不见阳光，根本看不到日出。你能想象一只生活在黑暗中的恐龙的感受吗？其中也有一些恐龙的适应能力令人难以置信。比如，有的恐龙长着巨大的眼睛，可以在很暗的光线下看到东西。在这本书里你已经看到了几种这样的恐龙，比如合作雷利诺龙和似提姆龙，后者是以我爸爸的名字命名的！

在另一次旅行中，我们参加了维多利亚昆瓦拉化石考察队，雇了一台挖掘机，往下深入挖掘土壤和岩石，每更换一个铲斗，坑就挖得越深，我们就越接近我们的远古战利品。

我们在一个古老的湖泊中寻找化石，发现了一大批令人惊奇的远古生命，包括许多鱼类和昆虫。湖泊里的化石保存得很好，甚至可以看到柔软身体的轮廓！

一些鱼化石的头部看起来像爆炸了一样，但实际上它们在沉入海底之前表面就已经腐烂了。在昆瓦拉遗址，科学家发现了一块恐龙早期羽毛化石和一朵世界上最古老的花朵等神奇的东西。

我哥哥大卫和我都在大学里学科学。大卫学的是天体生物学，研究诸如叠石层等最古老的生命，我学的是古生物学和化学。科学家向世界展示他们的发现和实验的方式，是通过发表描述他们发现的研究论文。我们弗兰纳里家族有一项非常值得骄傲的成就。在一次特别激动人心的奥特韦斯化石探险之后，我们 3 人一起发表了一篇关于我们发现的化石的研究论文！

奥特韦斯是澳大利亚维多利亚州南部海岸一个极其美丽的地区。为了找到最好的化石遗址，我们顶着炎炎烈日越过沙丘，穿过带刺的灌木丛。为了到达那里，我们必须从最陡峭的悬崖上滑下来。我从来没这么脏过，出过这么多汗！但我们都因为化石热而兴奋得忘吃午饭了。

我们发现了一块重磅的化石，一个已经灭绝的鹦鹉螺的壳化石。鹦鹉螺与鱿鱼有亲缘关系。不过，与鱿鱼不同的是，鹦鹉螺柔软的身体上覆盖着一层壳。研究之后，我们发现这个鹦鹉螺活着的时候，生活在又冷又深的水中。死后，海水将它冲到更温暖的浅海中，所以它的壳上长了珊瑚。

有一年，爸爸让我们所有人都到维多利亚内陆的一条混浊小溪里去给他过生日，溪水都没到了膝盖深。

他到底为什么想让自己的生日派对在小溪里举行？

你猜对了，小溪里全是化石！这条混浊的小溪最近发生了一场大洪水，河岸上露出了一些美丽的化石。

海洋和陆地时刻在发生变化。曾经生活在海洋最深处的生物，如今可以在高山上找到它们的化石。这条泥溪里的生物还活着的时候，生活在几万年前森林环绕的浅海中。

我们在淤泥中搜寻时，希望能找到罕见的巨型宝螺。巨型宝螺是一种海螺，它有足球那么大！（书中有一个巨型宝螺叫大索棱宝螺。）经过几天的搜寻，我们终于找到了，并小心翼翼地把它送上岸。我们小心谨慎地研究了好几小时，但不幸意外地戳错了地方，化石碎了，我们的心也碎了！

寻找化石是一项艰巨的任务。虽然我们没有幸运地找回完整的巨型宝螺化石，但我们带回了一些宝贵的化石碎片。我们还发现了一只巨型企鹅的骨头。这只企鹅个头几乎和人一样大。我爸爸 17 岁的时候在这条小溪里发现了一颗巨齿鲨的大牙齿，直到今天他还留着那颗牙！

在小溪里辛苦搜寻了几天之后，我们在附近的汽车旅馆里把发现的所有化石进行了分类整理。我们有专业的书，里面记载了所有的化石，可以仔细地鉴别我们发现的宝藏。有些孩子可能会在主题公园或泳池度假时玩得最开心，但我们最开心的是用自己的双手收获更多的化石！

即使我们去了繁华的城市度假，但还是设法找到了化石。有一次，我和爸爸住在意大利米兰的一家旅馆里，在厕所的地板上发现了一颗嵌在大理石里的恐龙牙齿化石！就在马桶座圈前面，千万不能错过。我们兴奋地打电话给旅馆前台，告诉他们这个令人激动的消息。

当然，旅馆的工作人员说的是意大利语，而我们说英语，所以他们来看的时候就产生了误会。在我们指着那颗恐龙牙齿咧嘴大笑的时候，看门人说：“非常抱歉，先生，我们马上把它清理干净！”

后来，作为一名研究人员，我很幸运地参观了一些非常特殊的化石遗址。

在一次旅行中，我徒步进入了印度尼西亚弗洛勒斯岛雨林中的一个洞穴。2003 年，人们在这个巨大的洞穴里发现了一种小矮人的骨头，骨头属于已经灭绝的弗洛勒斯人，他们是人类的近亲。与此同时，岛上还生活着一种高个头、长腿的巨大鹳鸟。这种鹳比身材矮小的弗洛勒斯人高得多。这些动物还与一种矮小的大象共享土地。那得多难缠啊！

我上大学时，参观了遥远的俄罗斯西伯利亚的丹尼索瓦洞穴。从我的家乡澳大利亚悉尼出发，花了两天时间，坐了 3 趟飞机，又坐货车颠簸了 9 小时穿越荒野，才到达目的地。丹尼索瓦洞穴位于雄伟的阿尔泰山脉，这里有我们最近的亲戚的骨骼化石，他们就是尼安德特人。身材敦实的尼安德特人都长着浓眉毛、宽鼻梁。世界各地的每一处化石遗址都讲述着自己的故事，并为我们了解包括我们自己在内的生命史提供了宝贵的见解。

要进行一次化石搜寻的冒险，不需要花哨的设备，也不需要长途跋涉到很远的地方，只需要对化石充满热情！搜寻化石是探索世界的一种方式。在哪儿不重要，化石几乎无处不在。在你最意想不到的地方也许就会发现一块了不起的化石。比如从郊区的海滩里冒出来！也可以在世界各地的自然历史博物馆找到。

我希望通过阅读这本书，你可以对“化石热”有一些了解。在探索世界的时候，无论是在山顶，还是在浴室的地板上，都要记得留意化石。我们都是生命历史中的过客，周围一切事物都将成为历史的片段。古老的生命留下了它们的印迹——那么我们又会留下什么样的印迹呢？在此，我向所有的化石猎人和探险者致敬！

——埃玛·弗兰纳里

词汇表

哺乳动物

哺乳动物是一类物种非常繁多的动物。有地上走的，水里游的，天上飞的，它们的饮食丰富多样，从食肉动物到植食动物，但它们都有许多共同的特征，比如都有头发或皮毛，都给幼崽哺乳，也都是温血的。

大洲

地球上大陆和它附近岛屿的总称为大洲。一个大洲通常包括多个国家。世界分为七大洲：欧洲、亚洲、非洲、北美洲、南美洲、大洋洲和南极洲。

顶级掠食者

顶级掠食者也叫阿尔法掠食者。它们处于食物链的顶端，没有自然天敌。它们在维持生态系统的平衡和健康方面发挥着重要作用。

DNA

DNA（脱氧核糖核酸）是一种微小而非常特殊的分子，存在于我们身体的每一个细胞中。从头发的颜色到脚的形状，它是包含每个人独特遗传密码的长分子，保存着构建蛋白质的指令。地球上每种动物和植物都有属于自己的 DNA。

伏击型掠食者

一种利用伪装埋伏来突袭并捕捉猎物的食肉动物。

古生物学

古生物学是研究地质历史时期生物界面貌和发展的科学，其研究对象为地质历史时期形成的地层中的生物遗骸和遗迹，以及包含这些化石的围岩。

琥珀

树上的树脂变成化石的状态。有时琥珀中会保存植物和动物。

回声定位

回声定位是利用回声和声波来确定物体在空间的位置。许多动物使用回声定位来狩猎和导航，比如海豚、鲸、蝙蝠和一些鸟类。

基因

基因是有遗传效应的 DNA 片段，它们使世界上每一种生物独一无二。它们一般存在于生物细胞内，并由父母遗传给后代。在人类中，父母双方遗传的基因组合可以通过控制眼睛或头发颜色等因素来决定孩子的外表。

寄生虫

寄生虫是一种以另一生物的有机体为家，依靠它来获取食物、栖居，并得到其他一切生活需求的生物。寄生虫赖以生存的有机体称为“宿主”。

进化

进化是人类、植物或其他动物等生物逐渐改变自身习性和特征，以使自身更好地适应环境的过程。经过漫长的时间后，环境会发生变化，生物需要找到新的生活场所，因此动植物会进化，以更好地适应新环境。

陆生动物

陆生动物是指全部或大部分时间在陆地上生活的动物。

滤食性动物

滤食性动物是一种水生动物，通常通过自身独特的过滤系统过滤大量海水，以找到足够的食物。有些鲨鱼是滤食性动物。

生物多样性

生物多样性是指在某个特定栖息地（如一片海域）中植物和动物生物物种的多样化。生物多样性水平越高，生态系统的稳定性就越强。例如，丰富多样的动植物物种能形成更加复杂的食物链，确保生物有足够的食物吃。

食腐动物

食腐动物吃其他已经死亡的动物尸体，而不是自己猎取的食物。

食肉动物

食肉动物是专门或主要吃肉的动物——通过捕杀猎物或捡拾动物尸体。

食物链

食物链是一系列动植物之间相互依赖的捕食与被捕食的关系。

属

生物物种的学名由属名和种名组成。属是一个对具有相似特征或特点的生物群体进行分类的单位。

水生动物

水生动物是指所有或大部分时间都在水中生存的动物。

碳

碳是一种化学元素。它是组成生物体的最基本元素之一，对地球上的所有生命都至关重要。所有有机化合物都被视为“碳基”。碳可以与其他元素结合形成新的化合物。

体温调节

体温调节是动物维持体温的过程。

天敌

动物学名词，“天敌”一词通常指的是猎杀其他动物作为食物的动物。天敌对生态系统平衡至关重要。

外骨骼

外骨骼是某些动物体表的一种坚硬的外壳状覆盖物，起到支撑和保护身体的作用。所有昆虫和甲壳动物都有外骨骼。

物种

物种是一组具有共同特性、能够共同繁殖的相似生物。

氧气

氧气是空气的一部分，是我们呼吸的一种气体。它的反应性很强，很容易与其他元素（例如碳）反应。动物依靠氧气生存——它们吸入氧气并利用氧气将营养物质转化为能量，从而释放出二氧化碳。植物与动物完美共生，因为植物可以吸收二氧化碳并释放氧气。

有袋类动物

有袋类动物是一群哺乳动物。大多数雌性有袋类动物都有一个育儿袋，可以把宝宝放在里头，这样它们就可以在安全、温暖的地方生长和发育。一些有袋类物种是植食动物，另一些是食肉动物，还有一些是杂食动物。世界上大多数有袋动物生活在大洋洲和南美洲。

杂食动物

杂食动物是吃各种肉类和植物的动物。

藻类

藻类是一个庞大而繁多的生物群体，其中大多数是水生生物。有些是很小，而另一些（像许多海藻类）能长得很大。它们在咸水和淡水中都能被找到。

真菌

真菌是一大类生物群体，包括蘑菇和霉菌。它们与动物的关系比与植物的关系更密切。真菌消耗有机物质来生存，将死去或活着的有机物质分解成小分子，用于产生能量和繁殖。

植食动物

植食动物是专门或主要以植物为食的动物。

蒂姆·弗兰纳里

《纽约时报》畅销书作家、哺乳动物学家、古生物学家、探险家。他穷尽一生周游世界，研究不同种类的动物。他经历了一些不可思议的冒险——包括挖掘恐龙骨头，沿着鳄鱼、巨蟒出没的河流漂流！他发现了 75 种全新的动物。他以澳大利亚和世界各地的博物馆和大学为家，甚至曾经在美国自然历史博物馆过夜。2007 年，他被评为澳大利亚年度人物。他曾获新南威尔士皇家动物学学会颁发的怀特利图书奖、澳大利亚文学研究基金会普里斯特利奖、科琳国际文学奖以及兰南基金会颁发的兰南文学终身成就奖等奖项。他写作的儿童读物也颇受欢迎，曾获得 2020 年度澳大利亚儿童文学环境奖并登上各类排行榜第一名，版权也售至北美、荷兰、韩国、俄罗斯、中国、日本和捷克等国家与地区。

埃玛·弗兰纳里

科学家、作家，蒂姆·弗兰纳里的女儿。她从小深受父亲的影响，喜欢在全球旅行、探索，寻找稀有的化石、动物和植物。在地质学、化学和古生物学研究方面颇有建树。她曾在大学、博物馆工作。她是科学生活策展服务机构 Museophilliac 的联合创始人。她的科学作品极具感染力，非常符合青少年的阅读品位。她希望继续制作更有趣、更接地气的青少年科普图书。主要童书作品有《当心我厉害的样子：奇怪的远古异兽》《当心我厉害的样子：奇妙的节肢动物》等。

莫德·盖斯内

法国插画家。在法国布拉柴维尔艺术学院学习平面设计和插图，之后在巴黎从事插画工作。爱旅行、大自然和观察世界。曾在澳大利亚、巴西、加拿大、印度尼西亚、泰国、柬埔寨和非洲生活、工作，创作关于冒险、旅行方面的插画。现居荷兰格罗宁根，她的工作室位于大自然中，周围随处可见风车和自行车。她喜欢用笔或相机在周围大自然中找寻灵感，喜欢画动物和异想天开的人物，喜欢用幽默且令人惊艳的插画描绘故事。在 Edition& Fashion 工作了 13 年。主要作品有《当心我厉害的样子：奇怪的远古异兽》等。

图书在版编目（CIP）数据

奇怪的远古异兽 / (澳) 蒂姆 · 弗兰纳里 (Tim Flannery) , (澳) 埃玛 · 弗兰纳里 (Emma Flannery) 著 ; (法) 莫德 · 盖斯内 (Maude Guesne) 绘 ; 鲁军虎译 . -- 北京 : 光明日报出版社 , 2024.4

(当心我厉害的样子)

书名原文 : Explore Your World: Weirdest Creatures in Time

ISBN 978-7-5194-7904-6

Ⅰ . ①奇… Ⅱ . ①蒂… ②埃… ③莫… ④鲁… Ⅲ . ①古生物—儿童读物 Ⅳ . ① Q91-49

中国国家版本馆 CIP 数据核字 (2024) 第 071823 号

奇怪的远古异兽

QIGUAI DE YUANGU YI SHOU

著　　者：〔澳〕蒂姆 · 弗兰纳里（Tim Flannery）〔澳〕埃玛 · 弗兰纳里（Emma Flannery）
绘　　者：〔法〕莫德 · 盖斯内（Maude Guesne）
译　　者：鲁军虎

责任编辑：徐　蔚　　　　责任校对：孙　展
特约编辑：滑胜亮　　　　责任印制：曹　净
封面设计：万　聪

出版发行：光明日报出版社
地　　址：北京市西城区永安路 106 号，100050
电　　话：010-63169890（咨询），010-63131930（邮购）
传　　真：010-63131930
网　　址：http://book.gmw.cn
E - mail：gmrbcbs@gmw.cn
法律顾问：北京市兰台律师事务所龚柳方律师

印　　刷：河北朗祥印刷有限公司
装　　订：河北朗祥印刷有限公司
本书如有破损、缺页、装订错误，请与本社联系调换，电话：010-63131930

开　　本：190mm × 254mm　　　　印　　张：15
字　　数：237 千字
版　　次：2024 年 4 月第 1 版
印　　次：2024 年 4 月第 1 次印刷
书　　号：978-7-5194-7904-6
定　　价：88.00 元